翁牛特旗
耕地与科学施肥

WENGNIUTEQI GENGDI YU KEXUE SHIFEI

张 利 刘丽丽 主编

中国农业出版社

北 京

编辑委员会

策划指导：苑喜军　王晓峰　聂大杭　高建民

技术顾问：郑海春　郜翻身　梁　青

数据统计：张　利　刘丽丽　孙　彬　康向玉

参加工作人员（以姓氏笔画为序）：

马显民	王　剑	王东娟	王建全	王佳骥	王艳立
王桂杰	毛艳宇	代　钦	吕小龙	吕艳杰	刘丽丽
刘国术	刘海茹	许淑娟	孙　磊	杜艳民	杨晓雨
李　楠	李玉芳	宋长学	张　利	张玉琢	张立峰
张金发	张瑞波	陈　刚	陈淑连	其木德	国会娟
金　桩	周　博	周景兴	郑海燕	查　娜	聂大杭
特古斯	郭海英	康久东	康向玉	梁立杰	谢俊文

序

　　"民以食为天，食以土为安"，土壤是植物的母亲，为植物提供了养料和水分，土壤也为动物提供了生存栖息之地，是人类和动植物共同的家园，有了土壤，才有了这美丽可爱的世界。耕地是土壤的精华，肥料是重要的农业投入品，合理利用耕地和肥料资源直接关系到粮食安全、水安全和生态系统安全，关爱土壤就是关爱生命，健康土壤带来健康生活。

　　翁牛特旗是有着约 21.04 万 hm² 耕地面积的农牧业大旗，农耕历史悠久。近年来，翁牛特旗农牧业发展较为迅速，特别是 2007 年以来，全旗相继实施了耕地地力调查与质量评价、测土配方施肥、化肥减量增效及耕地地力提升等项目，在农业规模化经营、机械化生产的基础上，耕地质量建设水平、科学施肥技术、栽培管理技术有了大幅提高。2017 年粮食总产突破 110 万 t，达到 114.42 万 t，比 2006 年增产 58.73 万 t，增产 105.46%。

　　实施测土配方施肥及耕地质量监测评价工作，在农技人员的努力下，开展了土壤测试、田间试验、施肥调查、配方设计、宣传培训、示范推广及技术研发等大量工作。截至 2018 年底，全旗累计采集土样 10 341 个，化验 21 个项目，累计化验土样 76 035 项次、植株样 1 228 项次，累计实施田间试验 522 个，并以试验数据为依据，结合翁牛特旗耕地地力现状、种植业结构以及农民种植习惯，研究提出适合翁牛特旗主要农作物的施肥配方及玉米、水稻、向日葵等主栽农作物的施肥指标体系。与肥料企业合作，为广大农民开展了自动化配肥服务。全旗累计推广应用测土配方施肥技术 101.75 万 hm²，配方肥施用总量达 17.5 万 t，粮油增产 65.82 万 t，节本增效 11.55 亿元，切实提高了广大农民的科学施肥技术水平，取得了丰硕的技术成果和显著的生态、社会、经济效益。通过开展耕地地力调查与评价工作，查清了全旗耕地地力现状，明确了各等级耕地的分布、面积、生产性能、障碍因素等，为全面开展耕地质量建设提供了科学依据。

　　为全面总结和充分展示翁牛特旗测土配方施肥、耕地地力评价等项目技术成果，使之尽快转化为现实生产力，组织有关专家、技术人员编写了《翁牛特旗耕地与科学施肥》一书。该书的编撰与出版得到了各级领导的大力支持和有关专家的技术指导，是广大土肥工作者辛勤劳动的结晶，对翁牛特旗耕地资源的合理利用和科学施肥水平提升必将起到积极的推动作用。在此，谨向帮助、支持翁牛特旗农业发展的各级领导、专家以及全体编写人员致以崇高的敬意，向奋战在农技推广战线的广大科技人员表示衷心的感谢。

翁牛特旗农牧局局长

2022 年 10 月 20 日

前　言

　　"万物土中生，有土斯有粮"，土壤是人类赖以生存和发展的最根本的物质基础，耕地是土壤的精华，耕地资源数量和质量对农业生产的发展、人类物质生活水平的提高乃至国民经济的发展都有巨大影响。

　　新中国成立以来，翁牛特旗分别于1958—1960年和1984—1986年开展过两次土壤普查工作，全面查清了土壤资源的类型、数量、质量和分布，普查成果为当时指导科学施肥、中低产田改良、调整作物布局以及土壤资源的开发利用等作出了重要贡献。第二次土壤普查至今已有30年了，农村经营管理体制、土壤资源的利用、农业生产水平和化肥的施用等发生了较大变化，再加上多年的干旱、洪涝灾害和严重的水土流失，第二次土壤普查结果已不能真实反映如今的耕地质量和土壤肥力状况，而且随着种植业结构的调整、作物品种的更新换代，作物自身对养分的需求也发生了变化，旧的土壤养分含量指标、土壤养分分级标准已与指导科学施肥的需要不适应。因此，按照农业农村部和内蒙古自治区农牧厅的总体安排，翁牛特旗分别于2007—2011年和2015—2019年开展了耕地地力调查与质量评价和测土配方施肥技术的研究应用，为全面开展耕地质量建设、提高土壤肥力、指导科学施肥、优化资源配置、保护生态环境、促进农业可持续发展提供了科学依据。

　　耕地地力调查与质量评价在充分利用第二次土壤普查成果资料和国土部门的土地详查资料的基础上，应用计算机技术、地理信息系统（GIS）、全球定位系统（GPS）、遥感技术（RS）等高新技术，并采用科学的调查与评价方法，摸清了耕地的环境质量状况，对耕地地力进行了分等定级，研究明确了各等级耕地的分布、面积、生产性能、主要障碍因素、利用方向和改良措施，建立了全旗耕地资源管理信息系统。在开展了大量的土壤样品测试分析和肥料肥效田间试验的基础上，确立了主栽作物科学施肥指标体系，建立了测土配方施肥数据库，研究开发了测土配方施肥专家系统，为广大农民开展了"测土、配方、配肥、施肥指导"一条龙服务。

为了全面总结与展示耕地地力评价及测土配方施肥的主要成果，编写了《翁牛特旗耕地与科学施肥》一书。全书共分八章，书中较为详细地介绍了翁牛特旗耕地地力现状和测土配方施肥取得的主要技术成果，并附全旗耕地资源图，旨在为广大农业工作者提供可靠的参考资料。

　　由于工作量大、时间紧，加之编者水平有限，书中有不妥之处在所难免，恳请读者和同行批评指正。

编　者

2022 年 10 月 15 日

目　录

第一章

自然条件与农业生产概况

第一节 自然条件与农业经济概况

一、地理位置

翁牛特旗位于内蒙古自治区赤峰市中部，地处大兴安岭山脉与燕山山脉余脉连接地带东麓、科尔沁沙地西缘。地理坐标为 $117°48'54''—120°45'40''E$，$42°27'43''—43°25'59''N$。北隔西拉木伦河与林西县、巴林右旗、阿鲁科尔沁旗、通辽市开鲁县相望，东与通辽市奈曼旗毗邻，南与松山区接壤，西与克什克腾旗相连（图1-1）。

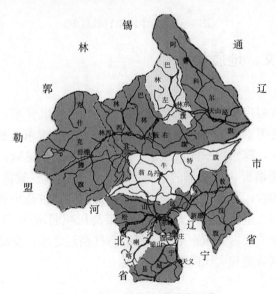

图1-1 翁牛特旗在赤峰市的位置

二、行政区划

翁牛特旗东西狭长260km，南北宽84km，总面积为1 187 813hm²。辖8个镇（乌丹镇、桥头镇、梧桐花镇、广德公镇、亿合公镇、五分地镇、乌敦套海镇、海拉苏镇）、2个乡（毛山东乡、解放营子乡）、4个苏木（阿什罕苏木、格日僧苏木、新苏莫苏木、白音套海苏木）、2个街道（全宁街道、紫城街道），另辖一个乡级单位。全旗总人口48.6万人，其中蒙古族人口7.3万人。翁牛特旗是一个以蒙古族为主体、汉族占多数的多民族聚居地区。旗政府所在地乌丹镇，是翁牛特旗的政治、经济、文化中心（图1-2）。

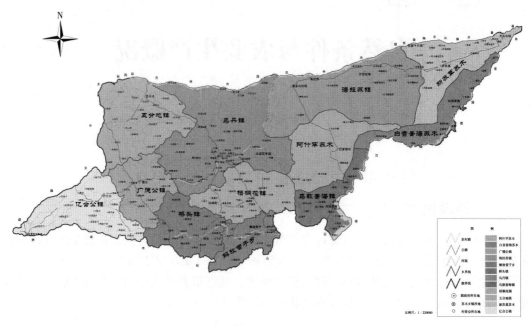

图1-2　翁牛特旗行政区划

三、气候、水文、地质状况

（一）气候条件

翁牛特旗属中纬度温带半干旱大陆性季风气候，由于南北狭窄，纬度对气候的影响不明显，影响气候的主要因素为地势变化和大气环流。翁牛特旗东西狭长，海拔自东向西逐级递增，受冷空气影响，降水由东向西递增，热量则由东向西递减。春季，太平洋高压和印度洋高压的影响不断增强，与北部的蒙古高压交互作用，气旋活动频繁，天气冷暖无常，空气干燥，大风频吹；夏季，主要受西太平洋低压副热带高压的影响，天气炎热，降水集中；秋季，蒙古高压重新加强，太平洋副热带高压减弱南移，降雨停止，寒潮骤发；冬季，由于翁牛特旗位于蒙古高压东南方，是冷空气路经之地，受冷空气控制和影响，天气晴朗干燥，极易形成寒潮和大风降温天气。

1. 气候特点

（1）春季（3—5月）。春季气温回升快，昼夜温差大，空气干燥，蒸发量大，干旱频率高，风多雨少，降水总量在40mm左右，仅占全年降水量的10%～12%，极易发生春旱。

（2）夏季（6—8月）。夏季雨热同期，平均气温21℃，降水量高度集中，达270mm，占全年降水量的75%左右，7月、8月最为集中，为220～230mm，约占全年降水量的62%。中、西部山地和丘陵区多暴雨、山洪和冰雹等灾害性天气。

（3）秋季（9—11月）。秋季短促，初霜降临早。气温下降较快，多寒潮。降水锐减，为50～55mm，占全年降水量的14%左右，易发生秋旱。

（4）冬季（12月—翌年2月）。冬季漫长而寒冷，空气干燥，风多雪少。月平均气温在－10℃以下。多大风和剧烈降温天气。降水量仅8～9mm，占全年降水量的2%～3%。

2. 气候要素

（1）日照和热量。翁牛特旗年均日照时长为2 910～3 100h，日照时长分布自西向东随海拔的降低而递减。各地日照百分率差异不明显，占全年日照时长的65%～70%，西部大于东部。全旗年太阳总辐射量的分布趋势是由西向东随海拔的降低而递减，四季中夏季太阳总辐射量最大，春季次之，冬季大于秋季，但相对比较稳定，乌丹地区平均为513.02kJ/cm²，东部大于西部。农作物生长期有效辐射总量为167.35～175.55kJ/cm²。

（2）气温和积温。翁牛特旗的年平均气温分布受地理经度、海拔、地形地势等因素影响较大，其分布趋势是自西向东随这些因素的降低而升高。年平均气温6.0℃，西部1.9℃左右，东南部的边缘地区为7.7℃左右，中部地区一般在4.0～7.7℃。1月平均气温为－12.5℃，7月平均气温22.5℃。翁牛特旗极端高温为40.5℃，出现在2000年7月14日，极端低温为－33.8℃，出现在1959年2月15日。翁牛特旗≥10℃积温从西向东呈递增趋势，西部为1 100～2 500℃，中部为2 500～2 900℃，东部为2 900～3 300℃，除西部地区外，其他地区热量条件均可满足喜温作物的生长需要。10月下旬自西向东开始封冻，4月下旬至5月初基本化通（图1-3）。

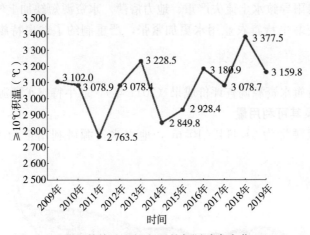

图1-3 翁牛特旗≥10℃积温的年际动态变化（2009—2019年）

（3）无霜期。翁牛特旗无霜期平均为125d，西部为85d左右，中部为125d，东部为140d。初霜出现的平均日期为9月20日，最早为8月31日，最晚为10月10日，终霜出现的平均日期为4月13日，最早为2月17日，最晚为5月27日。

（4）降水量和蒸发量。翁牛特旗全年平均降水量为362mm，西部为350～400mm，东部为300mm，南部为350mm，北部为300mm。全年降水比较平均，年内降水量变化率为16%～22%，年际降水量变化率为28%～43%，年最多降水量为564.3mm（出现在乌丹镇），最少仅为269.4mm，日最大降水量132.8mm（1966年8月26日）。全旗全年蒸发量2 138.8mm，约为降水量的5.9倍，其中西部全年蒸发量为1 600～1 800mm，中东部为2 000～2 200mm（图1-4）。

（5）风。翁牛特旗春、夏季多西南风，秋、冬季多西北风。年平均风速3.0～4.2m/s，

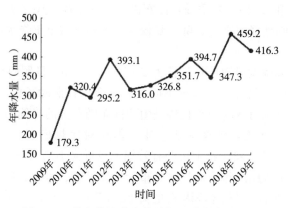

图1-4 翁牛特旗降水量的年际动态变化（2009—2019年）

东部为4.0～4.2m/s，西部为3.5～3.7m/s。最大风速为32.0m/s。8级以上大风日数每年在40d左右，集中在3—5月。

3. 气候条件对耕地地力的影响

翁牛特旗多数地区没有灌溉水源。从气候条件来看，全旗降水量少，年变化和季节变化大，春季多大风，蒸发强烈，春旱突出。因此，抗旱灌溉成为翁牛特旗农业生产的中心任务。此外，阵发性暴雨导致水土流失严重、地力瘠薄。水资源短缺加上气候干旱和水土流失的双重作用，致使翁牛特旗农业用水更加紧张，严重制约了翁牛特旗农业的可持续发展。

（二）水文条件

根据赤峰市翁牛特旗水资源调查评价成果（2011年），翁牛特旗水资源状况如下。

1. 地表水资源量及其可利用量

翁牛特旗地表水资源量为 $21\,414\times10^4\,m^3$，地表水资源可利用量为 $12\,285\times10^4\,m^3$（图1-5）。

图1-5 翁牛特旗水系分布

翁牛特旗境内共有大小河流22条，除3条内陆河外，其余均属西辽河水系。北部为西拉木伦河水系，南部为老哈河水系，均属西辽河流域。境内有大小湖泊水面42处，面积 1 533.3hm²。境内主要河流有少郎河、羊肠子河、苇塘河、四道杖房河，还有布日敦河、其甘河、五牌子河为内陆河。枯水季节，除西拉木伦河外，其余河流均断流或分段断流，河流流程为 1 271.9km。

2. 地下水资源量及其可开采量

翁牛特旗地下水资源量为 $53\,270\times10^4\,m^3$，地下水资源可开采量为 $37\,614\times10^4\,m^3$。

3. 水资源总量及可利用总量

翁牛特旗多年平均水资源总量为 $64\,426\times10^4\,m^3$，其中地表水资源量为 $21\,414\times10^4\,m^3$，地下水资源量为 $53\,271\times10^4\,m^3$，地下水与地表水资源量间重复计算量为 $10\,258\times10^4\,m^3$。行政分区水资源情况见表1-1。

表 1-1　翁牛特旗行政分区水资源情况

行政分区	多年平均降水		多年平均地表水资源量		多年平均地下水资源量（$\times10^4\,m^3$）	多年平均地下水可开采量（$\times10^4\,m^3$）	多年平均水资源总量	
	降水深（mm）	降水量（$\times10^4\,m^3$）	径流深（mm）	径流量（$\times10^4\,m^3$）			总量（$\times10^4\,m^3$）	占全旗比例（%）
乌丹镇	329.9	68 652	16.7	3 470	5 306	3 325	7 483	11.6
乌敦套海镇	329.8	17 941	14.7	797	1 168	753	1 460	2.3
五分地镇	314.7	21 966	23.5	1 640	1 325	663	1 860	2.9
毛山东乡	314.0	17 050	26.4	1 436	1 031	515	1 447	2.2
桥头镇	353.5	26 336	37.4	2 786	1 858	1 074	3 805	5.9
广德公镇	387.3	25 949	29.9	2 006	1 120	637	2 354	3.7
梧桐花镇	324.4	26 958	22.8	1 896	1 123	561	2 546	4.0
亿合公镇	365.4	35 846	31.6	3 096	1 502	771	3 435	5.3
海日苏镇	324.8	28 777	8.5	753	6 498	4 424	6 660	10.3
格日僧苏木	324.0	31 396	3.1	303	9 379	7 072	9 378	14.6
解放营子乡	329.0	15 660	37.5	1 783	1 295	775	2 518	3.9
阿什罕苏木	313.9	30 354	6.7	652	2 685	1 555	3 249	5.0
新苏莫苏木	306.3	26 679	5.2	453	11 576	9 439	11 096	17.2
白音套海苏木	306.6	19 163	5.5	346	7 406	6 049	7 135	11.1
全旗	330.3	392 627	18.0	21 414	53 271	37 614	64 426	100

4. 水资源开发利用现状

翁牛特旗大中型水库工程有红山水库、海拉苏水利枢纽、台河口渠首、玉瀑电站、玉名电站等大中型万亩*以上灌区水利工程8座。其中红山水库是内蒙古容量最大的水库之一，位于翁牛特旗乌敦套海镇境内，正常年份库容在 $169\,000\times10^4\,m^3$，控制面积 150 000hm²，年均入库径流量为 $82\,500\times10^4\,m^3$。由于近年来上游降水减少，库容严重下降，基本处于低水位运行状态。西拉木伦河上建有中型水利枢纽工程幸福河灌渠和台河口

---

* 亩为非法定计量单位，1 亩＝1/15hm²。

灌渠，老哈河下游建有水利引水渠首工程 3 座，可控制面积 29 466.7hm²。扬水站 24 座，全旗现有可利用配套机电井 5 239 眼、人畜饮水及防氟改水工程 252 处、河道堤防 80.9km。

由于近些年来连续干旱，根据水利部门地下水监测数据，2009—2019 年全旗地下水位平均下降 10.8m。单井涌水量下降 25%，降水减少，田间灌水定额增加，导致灌溉面积减少近 1/5。并且这些地区地貌起伏变化大，田间基础设施薄弱，水利用效率不高。提高水利用效率是解决水资源不均和水资源紧缺问题、缓解农业用水矛盾、提高水分生产率的有效途径。

5. 水资源开发潜力

每年地下水补给量为 3.09×10⁹m³，地下水排泄量为 67.80×10⁹m³，其中潜水蒸发量 1.95×10⁹m³、占排泄量的 63.2%，潜流量 1.60×10⁹m³、占排泄量的 5.2%，开采净消耗量 1.30×10⁴m³、占排泄量的 31.6%。潜水蒸发量为主要排泄量。

6. 水资源条件对耕地地力的影响

水资源状况对耕地地力影响极大。20 世纪 60—70 年代，在全国"农业学大寨"时期，各地大兴引洪淤灌、筑坝造田，使土壤有机质含量有所提高。在当时的经济条件下对洪水的合理利用，的确对耕地地力的提高起了很大的促进作用，但同时也存在山洪暴发使良好的耕地被冲毁或带进大量砾石而使耕地地力迅速下降的现象。随着退耕还林还草、小流域治理、封山育林等生态建设力度的加大和连年大规模的挖鱼鳞坑群众"大会战"，山水基本不下山，引洪淤灌技术逐渐退出了水资源利用的历史舞台。近几十年对地下水的利用逐渐加强，灌溉能力提高一个级别，地力等级上了一个台阶。翁牛特旗单位生产能力＜4 500kg/hm² 的耕地面积有 10.4 万 hm²，占总耕地面积的 64.2% 以上。且尚有部分水浇地也面临因无水可灌或灌溉能力由充分满足变为基本满足而使土壤地力等级逐渐下降的风险。

7. 农业节水工程建设

"十二五"以来，翁牛特旗深入贯彻党中央、国务院和内蒙古自治区的安排部署，始终高度重视高标准农田建设，积极争取政府项目资金，加大农业基础设施投入，通过农业综合开发、新增千亿斤*粮食产能规划田间工程、高标准农田建设等项目，实施治水、改土、整田等工程，农田配套水平和保障能力得到显著提高。截至 2019 年底，全旗累计投资约 10.87 亿元，在全旗发展高效节水灌溉面积 102.23 万亩，投资约 4.8 亿元，实施高标准农田项目 28 个，建成高标准农田面积 39.48 万亩，占在册耕地面积的 12.6%。

通过农业节水工程的实施，进一步夯实了全旗农牧业发展基础，有效提升了农牧业发展水平，促进了农牧民增收。一是农田水、电、路、林等综合配套能力明显增强，耕地质量进一步优化，农业综合生产能力得到大幅提高。据统计，项目区粮食单产可增加 100 千克/亩以上，农牧民亩均增收 160 元以上。二是耕地质量的提升促进了土地流转，更多土地向企业、专业合作社和种植大户等新型经营主体集中，规模化经营能力明显增强，种植专业化、集约化、标准化水平不断提高。项目区耕地流转率超过

---

* 斤为非法定计量单位，1 斤＝0.5kg。

40%，规模化经营面积超过 15 万亩。三是先进、科学的种植技术得以广泛推广应用，项目区农作物良种普及率达到 100%，测土配方施肥技术覆盖率、全程机械化作业率均超过 95%，农业生产现代化水平显著提升。四是项目区实现高效节水灌溉全覆盖、灌溉水利用系数为 0.9 以上，每年可节约灌溉水约 $4\,106 \times 10^4\,m^3$，全旗高效节水灌溉项目每年可节约灌溉水约 1 亿 m^3。

（三）地质条件

翁牛特旗地势西高东低，地面由西向东缓慢倾斜。西部为中山熔岩台地区，山体中上部为坡积、残积物，中下部为第四纪黄土，并有部分侵蚀地貌。中部为低山丘陵侵蚀区，山川交错，丘陵起伏，山体除上部有坡积、残积物出露外，下部均由厚度为 10～50m 的黄土覆盖，地表被流水切割得支离破碎。靠近东部沙区的边缘地带风蚀较重，形成了一部分风蚀沙化地貌。东部为坨甸相间的沙丘地区，海拔 300～500m。在广阔的冲积平原上为连绵起伏的沙丘，丘间零星分布着草甸和沼泽地。地貌特征自西向东依次为西部中山台地区、中部低山丘陵区、东部平原沙丘区 3 个类型区（图 1-6、图 1-7）。

图 1-6　翁牛特旗地势

图 1-7　翁牛特旗地势 3D 效果

1. 西部中山台地区

大体范围为平双公路（G306 线）以西地区，包括灯笼河、杨树沟门、亿合公、头段地全部，杜家地、广德公、头分地、五分地西部，毛山东西南部。面积为 262.26 万亩，占全旗总土地面积的 14.7％。这一地区以熔岩台地为主，海拔 1 000～2 000m。相对高度在 200～400m，山峰较高，灯笼河西部的三岔裆山海拔为 2 049m，是翁牛特旗最高峰。河谷平原面积较小，河谷较窄，峡谷多呈 V 形，谷底坡度较陡，土类以黑钙土、棕壤、灰色森林土为主，土壤养分含量较高。有利于发展林、果、药。农作物以旱地小麦、莜麦为主，其次为油菜、马铃薯。高寒漫甸面积较大，相对高度在 50～100m，农作物以杂粮、向日葵为主。

2. 中部低山丘陵区

大体范围为平双公路（G306 线）以东—庄林公路（G305 线）以西，包括杜家地、广德公、毛山东以东，五分地、头分地、乌丹、东庄头营子、乌敦套海、玉田皋以西地区。面积为 915.8 万亩，占全旗总土地面积的 51.4％。该区山川交错、丘陵起伏，海拔 500～1 000m。该区西部低山丘陵地段沟壑纵横，植被稀疏，水土流失严重，主种植旱田作物。中部地形多为低丘漫岗和高阶地，主要母质有坡积物和黄土母质。该区主要河谷是羊肠河、少郎河中游地段，具有一定宽度的河谷平原，自西向东呈扇形逐渐变宽，一般宽度为 1 000m 左右。该区低山相对高度在 100～200m，个别山峰高一些，土层深厚，水源充沛，河谷较宽，农业发达，多为高产农田。东部山顶浑圆，多呈馒头形，山坡呈凸形。

3. 东部平原沙丘区

主要是 G305 线以东地区，大体范围包括布力彦、阿什罕、乌敦套海、玉田皋以东，西拉木伦河与老哈河之间的三角地带。面积为 603.66 万亩，占全旗总土地面积的33.9％。这一地区沙沼、坨甸相间，海拔 300～500m，西拉木伦河与老哈河交汇地带为全旗最低点，海拔 285m。沙丘面积占该区总面积的 60％以上，其中固定沙丘、半固定沙丘和流动沙丘各占 1/3。耕地多分布于西拉木伦河和老哈河沿岸冲积平原，地势平坦，土质优良，是传统的畜牧业生产基地和水稻生产基地。主要成土母质为冲积母质，主要作物是水稻、玉米，适宜开发水田。

（四）土地资源概况

翁牛特旗地域辽阔，地形起伏多样，土地资源类型多，地域差异明显。全旗总土地面积 1 187 813hm²，其中：农业用地 210 421hm²（2018 年统计数据），占全旗总土地面积的 17.71％，主要分布在中西部地区及东部西拉木伦河与老哈河沿岸；牧草地503 333hm²，占全旗总土地面积的 42.37％，主要分布在东部、西部地区；林地348 000hm²（含农田、草牧场防护林），广泛分布于全旗各地。农、牧、林三项用地占全旗总土地面积的 89.38％（表 1 - 2）。在土地构成中，低山丘陵占 40.4％，沙地占47.4％，适合农、牧、林多种经营方式。山丘坡地多，土层薄，水土流失严重；沙地植被稀疏，易受风蚀，治理水土流失和沙化土地任务艰巨。沿河平川土壤肥沃，适宜农耕，但局部盐渍化，限制了农作物产量的提高。翁牛特旗土壤类型较多，主要分为灰色森林土、棕壤土、黑钙土、栗钙土、草甸土、沼泽土、风沙土 7 个土类，分属 22 个亚类、44 个土属、172 个土种。除难以利用和利用价值低的土壤以及水域外，全旗土壤面积共为 1 154 472.4hm²，占总土地面积的 97.19％。

表 1-2　翁牛特旗土地资源利用现状

类型	合计	农业用地	林地	牧草地	居民点及工矿	交通用地	水域	其他
面积（hm²）	1 187 813	210 421	348 000	503 333	24 153	439	16 887	66 801
比例（%）	100	17.71	29.3	42.37	2.03	0.04	1.42	7.12

（五）农业经济概况

翁牛特旗是一个以农业经济为主的农业大旗，基本格局是西农东牧，区位优势明显，交通条件便利。根据 2018 年的统计资料，全旗总人口 47.699 6 万人，常住人口 41.89 万人。其中，农业人口 36.406 1 万人，占总人口数的 76.32%。全旗生产总值 112.623 5 亿元。第一产业生产总值为 45.083 5 亿元，占全旗生产总值的 40.03%。第二产业生产总值 25.880 3 亿元，第三产业生产总值 41.659 8 亿元。按照常住人口计算，全旗人均生产总值 26 695 元，农牧民人均纯收入 9 470 元。一三产业生产总值比例为 1.74：1：1.61；全年粮食总产量 76.73 万 t，油料作物总产量 6.30 万 t，甜菜产量 37.5 万 t。牧业年度全旗存栏数达 174.87 万头，全年肉类总产量 4.90 万 t，奶类总产量 8.50 万 t。

第二节　农业生产概况

一、农业发展历史

翁牛特旗在历史上曾是一块树木葱翠、水草丰美的地方。在灯笼河、白音汉曾出土过野牛角化石。在解放营大朝阳沟东山发现过直径 1m 以上的木化石。在辽代有着"平地松林八百里"之称。在松树山上至今还有三四百年树龄的古松。

在距今一万年以前的旧石器时代，这里就已经成为人类栖息繁衍的场所。在山咀子乡上窑村老虎洞山顶上发现了古人类洞穴遗址，洞穴附近遗落着用来砍砸、削刮等的原始石器。新石器时代，这里先后出现了獯鬻、鬼方、戎、狄等氏族部落。原始的农业也随之产生。在海金山、头分地、解放营小转山等地发现了母系氏族的生活遗迹，他们焚烧草木垦荒，用石犁、石铲翻耕土地，这就是农业生产史上的刀耕火种阶段。我们还可以通过解放营大南沟的氏族墓地了解到父系氏族的生产概况，在所发现的 70 多座墓中，有 20 座随葬纺轮的墓都是女性的，20 多座随葬石器的墓 90% 是男性的，这恰好表明男耕女织的社会分工。从而证实了由于耕地面积的扩大、劳动量的增加，男性在生产中地位的提升。

夏商时代，这里有着并不逊于中原地区的农业文明，通过出土的大量青铜器推断，当时的居民不仅懂得用石器耕种，还掌握了冶炼技术。

春秋战国时期，这里是东胡、匈奴、鲜卑、乌桓、契丹等部落的活动地带。这些部落多以游牧生活为主。农业比较繁荣的时期开始于辽代。据史料记载，唐朝末年，契丹的势力发展起来，中原地区不少汉族农民为了躲避藩镇之间的战祸，纷纷逃到这里，同契丹部落杂居。使耕种、织布、制盐、冶铁、建造房屋城郭等技术在这里推广。当时所种植的作物多为谷类、荞麦、麻籽等。辽国建立后，由于诸帝都比较重视农业，农业生产规模得到扩大，自然植被开始遭到破坏。

18 世纪中叶，清政府为了缓解山东、山西、河北地区的水旱灾及抗击沙俄的侵略，开放了边禁，实行所谓"借地养民"和"移民实边"的政策，使这里的垦荒面积迅速增大，植被的破坏程度日趋严重。

伪满洲国时期，日本帝国主义对这里的森林资源进行了大规模的无情掠夺，原始森林采伐殆尽。由于帝国主义的残酷压榨和剥削，农牧民无力向草场、土地投资。只得采取广种薄收、靠天放牧的经营方式。草原植被也开始退化。

新中国成立以来，全旗人民在党和政府的领导下，恢复生产，发展经济，已取得显著成效。但是，过去那种滥砍、滥伐、滥耕、滥采的掠夺式经营习惯仍然未发生改变，破坏速度大于恢复速度。例如，1960年修建红山水库时，曾出动大批人力和运输工具，对林木进行了长达4个月的砍伐，使附近所剩林木寥寥无几。前文提及的松树山的古松也只是在沙海的环绕之中幸存下来的。草原由于载畜量过大而严重退化。新中国成立初期那种"风吹草低见牛羊"的景象已很难见到，接踵而至的是风沙侵吞和盐化危害。农耕中，盲目垦荒、广种薄收导致恶性循环。近年来，随着种植业结构的调整，农业生产正逐步向现代化、机械化、产业化、高质量方向发展。全旗先后通过农牧部门高标准农田建设、自然资源（国土）部门的土地整理及水利部门高效节水等项目，组织实施中低产田改造，显著改善了灌排条件，有效改善了土壤理化性状，逐步提高了耕地质量等级。

以5年为一个时间段，统计了1950—2018年度的农作物播种面积、粮食单产和粮食总产量。根据统计结果，翁牛特旗的农业生产可以大致分为3个阶段（表1-3）。

表1-3 1950—2018年度农作物播种面积、粮食单产、粮食总产量

年度	播种面积（hm²）	粮食单产（kg/hm²）	粮食总产量（×10⁴kg）
1950	101 025	489.5	4 945.0
1955	109 732	756.4	8 300.0
1960	117 112	639.6	7 490.0
1965	114 819	648.4	7 445.0
1970	112 212	909.9	10 210.0
1975	104 298	1 083.9	11 305.0
1980	86 711	664.3	5 760.0
1985	85 451	1 523.1	13 015.0
1990	98 425	1 793.2	17 650.0
1995	99 632	2 308.5	23 000.0
2000	74 017	3 256.0	24 100.0
2005	122 839	4 567.0	56 100.0
2010	209 598	5 158.1	108 112.8
2015	219 340	7 219.9	158 361.0
2018	220 750	7 969.6	175 930.0

1. 第一阶段：低而不稳阶段

1950—1980年，农业生产一直沿用传统的耕作方式，农民广种薄收，粗放经营，生产力水平低下，粮食产量低而不稳，单产一直在750.0kg/hm²左右徘徊，粮食总产量的

提高主要靠新开垦耕地、增加耕地面积来实现。

2. 第二阶段：发展阶段

1985—2000 年，农村实行家庭联产承包责任制，极大地调动了农民的生产积极性，加之农业技术的大面积推广应用，粮食单产迅速提高甚至翻番，粮食总产量也得到了大幅度的提升。

3. 第三阶段：快速发展阶段

2005—2018 年，农作物种植面积和粮食单产均快速提高。2005 年粮食单产为 4 567.0kg/hm²，到 2018 年粮食单产达到 7 969.6kg/hm²。一方面，单产的提高主要是靠推广测土配方施肥、采用优良品种、农业机械和先进的栽培技术的大面积应用。另一方面，耕地面积的进一步扩大导致乱砍滥伐、开荒到顶的现象，生态环境遭到严重破坏，而农田基础设施建设相对薄弱，耕地地力退化，抵御自然灾害能力下降，遇到干旱，粮食单产和总产量就会大幅度降低。

根据 1950—2018 年度翁牛特旗农作物播种面积、粮食总产量、粮食单产制作曲线图（图 1-8）。

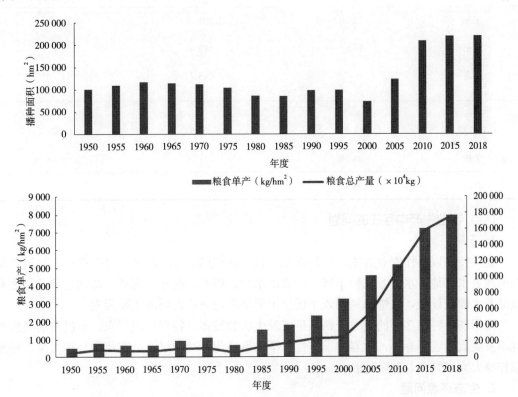

图 1-8 1950—2018 年度农作物播种面积、粮食总产量、粮食单产

二、农业生产现状

（一）主要生产情况

改革开放以来，翁牛特旗的农业生产取得了长足的发展。特别是近几年来，随着种植

业结构的调整，农业生产正逐步实现现代化、机械化、产业化。据 2018 年统计，全旗农作物总播种面积 220 750hm²，粮食总产量 821 628t，油料总产量 62 770t，甜菜总产量 374 902t。其中：玉米播种面积 92 192hm²，总产量 5.291 05 亿 kg，单产 5 739.2kg/hm²；水稻播种面积 17 934hm²，总产量 1.323 89 亿 kg，单产 7 382.0kg/hm²；向日葵播种面积 19 441hm²，总产量 0.607 92 亿 kg，单产 312.69kg/hm²；杂粮播种面积 39 590hm²，粮食总产量 1.147 96 亿 kg，单产 2 899.6kg/hm²（表 1-4）。农业机械总动力为 81 万 kW，农业人口人均占有 3.08kW。拖拉机 13 564 台，其中大中型拖拉机 9 133 台，小型拖拉机 4 431台，机耕、机播面积分别为 113 339hm² 和 100 005hm²，2018 年化肥纯量总用量为 40 112t，单位用量 191kg/hm²，农药总用量 317t，每公顷用量 1.51kg，地膜总用量 1 819t，覆盖栽培面积 36 190hm²。但是受到地理位置、地形地貌、气候等自然条件的限制和人为因素的影响，翁牛特旗的农业生产水平相对来说还是比较落后。

表 1-4 翁牛特旗 2018 年度主要农作物生产情况

主要作物	播种面积（hm²）	总产（亿 kg）	单产（kg/hm²）
玉米	92 192	5.291 05	5 739.2
水稻	17 934	1.323 89	7 382.0
小麦	8 049	0.243 71	3 027.8
豆类	19 841	0.209 67	1 056.8
向日葵	19 441	0.607 92	312.69
杂粮	39 590	1.147 96	2 899.6
合计	197 047	8.824 2	—

（二）农业生产中存在的问题

1. 干旱

翁牛特旗以旱作农业为主，旱地面积占耕地面积的 3/4，为典型的雨养农业。虽然境内的地表水和地下水资源比较丰富，但农田水利设施差，配套不完善，特别是缺乏行之有效的节水灌溉设施，水资源利用效率低。干旱是制约农业发展的主要因素。

根据翁牛特旗多年的气象资料，旱灾发生次数较多，特别是近年来，由过去的间歇性春旱发展成为连年春旱，由春季季节性干旱发展成为持续干旱，个别年份全年大旱，导致农作物大面积减产，甚至绝收。

2. 生态环境问题

生态环境问题主要是水土流失和沙化。首先是水土流失，翁牛特旗的地形地貌多为丘陵，多半耕地分布在坡地上，降雨集中，降水强度大，加上过度开垦、顺坡种植等人为因素，耕地的水土流失十分严重。水土流失侵蚀表面肥沃的细土，带走了大量的养分，同时使耕作层变浅、地表砾石度增加，这就是翁牛特旗部分耕地地力下降的主要原因之一。其次是沙化，长期以来，由于恶劣的自然气候和人为过度种植、过度放牧，原已十分脆弱的生态环境不断恶化。致使草场沙化、退化，耕地沙化、土壤板结，土地生产能力下降，导致当地农牧民收入较低。

3. 种植业经营粗放

农业基础设施薄弱，抵御自然灾害能力差，总体上仍然靠天吃饭。由于多年粗放经营，科技投入不足，肥料投入品重无机轻有机，造成土壤养分匮乏、耕地质量下降。新品种、新技术不能被及时应用到现实生产中，种植业的效益比较低、竞争力不强。同时要面临自然和市场的双重风险，种植业产业的链条短、附加值低，农产品加工流通和市场品牌打造环节还十分薄弱。

4. 掠夺式经营，用养失调

不合理的利用导致土壤贫瘠。山地丘陵坡地，由于垦殖不当而使植被多样性降低，造成水土流失，耕层土壤结构变坏、耕性不良。其他方面主要表现在有机肥、秸秆还田、种植绿肥、合理轮作等培肥扶持力度不够，耕地养分"入不敷出"，造成土壤肥力衰退，化肥的大量投入虽使耕地地力得到了暂时的提高，但也使土壤板结、盐化程度加重，最终会使耕地地力衰退。

5. 科技贡献率低

翁牛特旗农牧业发展过程中存在科技推广投入不足的问题，成果转化和推广体系薄弱，科学化、机械化水平低，科技人员与生产一线没有很好地结合起来，农牧民的科技文化素质与经济发展水平不适应，全面实施科技兴农、兴牧战略仍是加快翁牛特旗农牧业发展的重大任务。

第三节　耕地利用与保养管理的简要回顾

1984年翁牛特旗进行了第二次土壤普查，系统划分并查清了翁牛特旗的土壤类型、分布、面积，分析了各种类型土壤的形成原因、存在的问题以及改良利用方向，明确了土壤养分状况和农业生产中存在的主要问题。检测分析结果表明，依据当时的产量水平进行评估，翁牛特旗耕地土壤养分为"缺氮少磷钾有余"。因此该评语也为以后的耕地土壤养分规划和管理定下了基调。1987年进行了耕地资源详查，进一步查清了翁牛特旗耕地分布区域、具体位置和具体面积等情况。2017—2019年，连续3年对翁牛特旗耕地质量进行监测，汇总数据，对全旗进行耕地质量等级监测评价。为耕地保护、利用和改良奠定了基础。

翁牛特旗旗委、旗政府历来十分重视土壤改良和建设工作。特别是改革开放以来，落实了土地承包责任制以后，农牧民真正把土地当作自己的主要生产资料进行改良和管理。"十二五"以来，不断引进新技术、新措施（如水肥一体化、测土配方施肥、增施有机肥、秸秆还田等技术），千方百计提高土壤养分含量。通过近年来有机肥增施、秸秆还田技术的采用，翁牛特旗耕地土壤有机质基本保持供需平衡，土壤养分含量相对上升，比第二次土壤普查时提高了3~8倍，使过去以严重缺磷为主要限制因子的中低产田的地力等级有所提高。

不同耕地利用形式决定着人们对耕地投入的多寡，直接影响耕地的地力等级变化。根据测土配方施肥农户施肥情况调查结果，有机肥、化肥投入量相对较大的是水浇地，其次是水田、旱地。水浇地中蔬菜地投入量最大，所以蔬菜地土壤养分含量最高。旱地有机肥投入相对较少，土壤养分含量偏低，耕地质量呈逐渐下降趋势。

翁牛特旗旗委、旗政府切实落实了《中华人民共和国土地管理法》《中华人民共和国基本农田保护条例》《内蒙古自治区耕地保养管理条例》，第二次土壤普查以后制定了＞15°坡耕地实行退耕还林还草政策。20 世纪 90 年代以来，进一步加大了对坡耕地的退耕还林还草力度，对退耕还林的农户给予一定的经济补偿，积极争取国家对耕地质量提升工作的扶持，建立了耕地质量提升示范区，对秸秆还田、增施有机肥、水肥一体化及测土配方施肥给予政策倾斜，充分调动了农民退耕还林的积极性，对防止土壤退化和提高耕地地力起到了重要作用。

第二章

耕地地力调查与评价

近几十年来，翁牛特旗虽然进行过土壤普查和耕地资源详查，但随着农村社会经济的快速发展，土地利用状况以及农业用地（特别是耕地）的质量、数量都发生了很大的变化，原有的资料已不能满足需要。特别是改革开放以来，由于农业经营体制、耕作制度、作物品种、种植结构、产量水平、肥料和农药的使用等都发生了巨大的变化，耕地地力也发生了较大的变化。因此，对耕地地力进行全面评价，对促进农业结构战略性调整以及发展优质、高产、高效、安全的生态农业有着积极的意义，同时，对于实现农业持续、稳定、健康、协调发展也十分重要。耕地地力调查、监测与评价是翁牛特旗第二次土壤普查之后，为适应新形势下农业生产的发展、查清耕地生产能力和耕地使用中存在的问题而开展的一项基础性工作。

利用县域耕地土壤资源管理信息系统开展耕地地力调查和耕地质量评价的科学研究和实践，一方面为翁牛特旗耕地土壤肥料信息系统和现代化农业体系的建立提供了信息储备，实现了耕地土壤信息交流与共享，另一方面对于摸清翁牛特旗耕地土壤资源的家底，合理利用和科学管理耕地资源，促进人口、资源、环境和社会经济的持续、稳定、健康和协调发展，准确把握区域耕地地力、耕地质量及影响当地农业持续发展的制约因素，提出区域耕地资源合理配置、农业结构调整、耕地适宜种植、科学配方施肥及土壤退化修复的意见和方法提供了第一手资料和最基础、最直接的科学依据，也对确保粮食安全，提高农业综合生产能力，促进农业可持续、协调、健康发展起到了积极的促进作用。应用耕地地力调查成果进行耕地资源合理配置，为政府部门宏观调控农业结构提供了决策依据，这已在实践中被证明是最简单、最可行、最科学的方法。

耕地地力是在当前管理水平下，由土壤本身特性、自然背景条件和基础设施水平等要素综合构成的耕地生产能力。进行耕地地力的评价可以揭示耕地的潜在生产能力。本次耕地地力评价综合了耕地地力条件、土壤理化性状、土壤管理、剖面性状等因素，对翁牛特旗耕地的地力进行了科学评价。

本次翁牛特旗耕地地力调查与评价工作自2017年开始，历经3年多的时间，完成了全部的调查内容和地力的评价工作，整个过程经历了准备工作、资料收集、野外调查采样、样品测试分析、耕地地力调查与评价信息数据库的建立、耕地地力及质量评价等阶段（图2-1）。

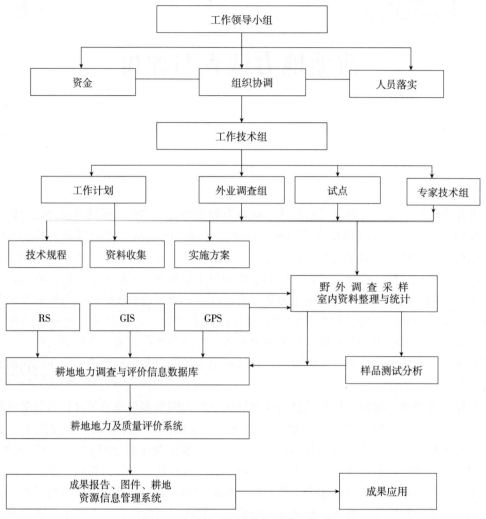

图 2-1　耕地地力调查与评价工作流程

第一节　调查内容与方法

一、准备工作

主要包括成立各级组织机构、筹集经费、人员培训、制定方案。

二、调查内容与整理

（一）资料收集与整理

资料的收集与整理是耕地地力评价的一项重要的基础性工作。耕地地力调查与评价是在充分利用现有资料的基础上，结合全旗土壤取样化验结果，利用计算机等高新技术手段进行综合分析和评价，因此资料收集是其中一项重要内容。在完成准备工作的基础上，耕地地力评价工作领导小组组织工作人员，先后到翁牛特旗林业、水利、气象、环保、交通、统计部门和各苏木、乡、镇与有关联络人员配合，按照《耕地地力评价规程》和《测土配方施肥技术规程》等相关培训教材的有关要求，切实完成了基础资料的收集与整理工作。

1. 图件资料

根据调查工作需要，收集了翁牛特旗地形图（1∶5万）、土壤图（1∶5万）、土壤养分点位图（1∶10万）、2015年土地利用现状图（1∶10万）。

2. 数据及文本资料

农业方面收集了第二次土壤普查的有关文字、图件和土壤养分统计数据资料及2009—2018年的统计资料，近年来的肥料试验资料，历年来的土壤肥力监测点田间记载资料及化验结果资料，农田基础设施建设、旱作农业示范区建设、农业综合开发等方面的资料，植保部门的农药使用量及品种资料。水利部门的水资源概况及开发利用、大中型灌区分布及规划、水土保持、涝区分布、小流域治理工程分布资料。土地部门收集的资料主要包括土地变更调查等图件、数据和文字资料。林业部门的生态建设总体规划，森林面积、覆盖度、退耕还林面积等资料。气象部门的资料主要包括年平均气温、≥10℃积温、降水量、蒸发量、无霜期、太阳总辐射量和生理辐射量、灾害气候、各种指定粮食作物的最佳播种日期和成熟收获期等气候变化资料，统计部门多年的播种面积、总产量、单产和相应年度各种指定作物生产物化投入和劳动投入的统计资料（物化投入包括种子、农药、化肥、用水、用电、农膜、机械作业和固定资产损耗等，劳动投入包括各生产环节和必要的农田维护，按当地市场价计算的劳动力投入）。环保部门的农田、水质污染监测资料及交通、电力、通信等社会基本情况资料。

（二）野外调查取样内容

根据技术规程要求，结合翁牛特旗的实际情况，采用统一的采样地块基本情况调查表、农户施肥情况调查表，主要内容如下：

1. 采样地块基本情况调查

调查了采样地块的基本情况：

（1）地理位置。包括省（自治区）、市、旗、乡（镇、苏木）、村（嘎查）、组、农户姓名、地块名称、邮政编码、电话号码、地块位置、与村距离、经纬度、海拔、公里*网等内容。

（2）自然条件。包括地貌类型、地形部位、地面坡度、田面坡度、坡向、通常地下水位、最高地下水位、最深地下水位、常年降水量、常年有效积温、常年无霜期等内容。

（3）生产条件。包括农田基础设施、排水能力、灌溉能力、水源条件、输水方式、灌溉方式、熟制、典型种植制度、常年产量水平等内容。

（4）土壤情况。包括土类、亚类、土属、土种、俗名、成土母质、剖面构型、土壤质地、土壤结构、障碍因素、侵蚀程度、耕层厚度、采样深度、田块面积、代表面积等内容。

（5）土壤理化性状。土壤pH、有机质、全氮、碱解氮、有效磷、速效钾、缓效钾、全磷、全钾、交换性钙、交换性镁、有效硫、有效硅、有效铁、有效锰、有效铜、有

---

* 公里为非法定计量单位，1公里＝1km。

锌、有效硼、有效钼、铬、镉、铅、砷、汞等。

（6）其他。包括来年种植意向、第几季作物、茬口、作物名称、目标产量等。

2. 农户施肥情况调查

生长季节，作物名称，品种名称，播种日期，收获日期，产量水平，生长期内降水次数，生长期内降水总量，生长期内灌水次数，生长期内灌水总量，自然灾害情况，是否为推荐施肥，推荐单位名称，推荐单位性质，配方内容，目标产量，推荐肥料成本，化肥氮、磷、钾及微量元素用量，农家肥名称和使用量，实际施肥总体情况，实际产量，实际肥料成本，化肥氮、磷、钾、微量元素应用品种及纯养分用量，农家肥名称和施用量、施用时期、施用方法等。

3. 调查方法

（1）布点原则。在耕地地力调查工作中，布点和采样总的原则：一是布点具有广泛的代表性，兼顾均匀性，要考虑土种类型及面积、种植作物的种类。二是耕地地力调查布点与污染调查（面源污染与点源污染）布点兼顾，适当加大污染源布点密度。三是具有可比性，尽可能在第二次土壤普查的取样点上布点。四是样品的采集具有典型性。采集样品要具有所在评价单元最明显、最稳定、最典型的性质，采样时避开田埂、沟边、肥堆、地边、路边、林边等特殊部位。避免各种非调查因素的影响，在具有代表性的一个农户的同一田块取样。五是样品点位有标识（经纬度），应在电子图件上进行标识，为开发专家咨询系统提供数据依据。

在布设调查采样点时先以土种为基础进行整体布局，以乡（镇、苏木）、场为单位进行区域布局，再充分考虑耕地的地力等级、利用方式、施肥水平等因素，兼顾不同的作物布局。

（2）布点方法。根据内蒙古第二次土壤普查土种归属表，对图斑面积过小、母质类型相同、质地相近、土体构型相似的土种进行了合并，由原来的172个土种合并为90个土种，并修改编绘出新的土壤图。将修改后的土壤图、土地利用现状图数字化后叠加形成评价单元图。以评价单元图为工作底图，根据图斑的个数、面积、种植制度、作物种类、产量水平等因素确定布点数量和点位，并在图上标注野外编号。最后依托第二次全国土壤普查成果图（1∶2.5万土壤图、土地利用现状图）和地形图及行政区划图。把取样点标到1∶2.5万的土壤图上，根据农业农村部技术规范取样代表面积要求，共绘制样点分布图54份。

将修改后的土壤图、土地利用现状图数字化后叠加形成评价单元图。

按照土种、作物种类、产量水平等因素，分别统计不同评价单元的布点数量，某一因素过多或过少时再进行适当调整。

（3）布点数量。根据上述布点原则和方法，按照内蒙古自治区测土配方施肥实施方案"突出主要作物、主要区域"和"在每万亩耕地面积上建立一个耕地质量监测点"的要求，兼顾调查所获取的信息具有一定的典型性和代表性，同时考虑工作效率和节省人力、财力，2017—2019年度，全旗每年建设耕地质量监测点315个，另建设国家级耕地质量监测点1处，自治区级国家监测点11处。布点最多的土种为栗钙土土类、典型栗钙土亚类、栗黄土（黄土母质）、轻度侵蚀栗黄土土种，占样点总数的20.0%。有6个小面积土种面积太小，每个土种只设 2 个样点，还有 6 个土种因面积过小而未设样点。

4. 野外调查与取样

（1）点位的确定。根据工作底图上确定的点位，结合地形图，到实地确定采样地块，如图上标注的点位在当地不具典型性，通过访问农民另选典型地块，并在图上标明准确位置。

（2）调查取样。点位确定后，按照农业农村部统一的测土配方施肥技术规范要求，结合翁牛特旗实际情况，应用 GPS 定位。按照"随机""等量"和"多点混合"的原则进行采样。采用 S 形、对角线形、棋盘形取样，在地形变化小、地力较均匀、采样单元面积较小的情况下，也可采用梅花形取样。一个土样均匀随机取 7 个点以上，取土深度及采样量均匀一致，土样上层与下层的比例要相同。取样深度一般为 0～20cm，果园为 0～40cm，用铁锹挖土，用木铲取土，四周表土和贴近铁锹表面的土不采用。每个采样点的取样器或铁锹垂直于地面入土，深度相同。用取土铲取样时先铲出一个耕层断面，再平行于断面取土。

取土重量为混合土样 1kg 左右，用四分法将多余的土壤弃去。方法是将采集的土壤样品放在塑料布上，弄碎、混匀，铺成正方形，画对角线将土样分成四份，把对角的两份分别合并成一份，保留一份，弃去一份。如果所得的样品依然很多，可再用四分法处理，直至达到所需量为止。装入土袋并在土袋上标注野外编号。

取样时根据 GPS 定位情况适当进行调整，避开田埂、路边、树木和村庄等特殊部位，一袋土样填写两张标签，标签内容要规范，内外均有。

田间调查注意三个方面的问题：一是调查农户的代表性，在选择农户时一定按照要求，选择有代表性的农户，不能随便找一些农户进行调查。二是数据的真实性，农户调查表由农业技术人员在与农户交谈的过程中填写，调查人员要对数据进行多途径核实。三是数据的准确性，注意单位问题、名称问题、数量问题。并与取土地块的农户和当地的技术人员交谈，按采样点调查表格内容，详细调查填写农户的家庭人口、耕地面积、种植制度，近 3 年的平均产量与效益，上年度肥料、农药的品种和使用量，作物品种和来源，生产管理以及投入产出情况等，并通过实地判断填写土壤性状和农田基础设施等内容。如在野外部分项目把握不准，当天回室内查阅资料，予以完善。

5. 土样整理与制备

（1）样品晾晒、风干。将从野外采集回来的土样及时放在纯木浆白纸上，摊成薄层，自然风干，禁止暴晒，及时捏碎大块。

（2）核对。主要是核对内外标签填写内容是否一致，辨别土样是否符合土种特征。

（3）研磨。按农业农村部《测土配方施肥技术规范》（NY/T 2911—2016）规定，按检测分析项目的不同要求进行研磨。研磨就是将土样粉碎之后过筛制成粒径 0.149mm、0.25mm、1mm 3 种规格的土样，并按要求的重量分装备用。

（4）样品保存。将研磨好的土壤样品分别按不同规格、编号顺序摆放在土壤样品架上。样品纸袋外面填写土样统一编号、采样地点、土种名称、采样日期、行政代码、粒径等与外业土样袋内标签一致的详细信息。将一张同样的标签放在袋内备查。分析土样保存 3 年以上，分析植株样保存 1 年以上。

土样的制备与管理是一项比较细致的工作，我们聘请有多年与土壤接触经验的老同志专做此项工作。土样接收、晾晒、标签核对、研磨、加工、分装上架、平行样选择等每一道工序都反复核对，及时发现个别土样与标签土种名称不相符情况并马上进行处理，极大地减少了因土样的差错造成的化验结果的误差。

（三）质量控制

1. 取样时采用 GPS 定位，记录经纬度，精确到 0.1″，同时记录公里网、海拔。

2. 采样时沿着一定的线路，按照"随机""等量"和"多点混合"的原则进行采样。

3. 采用点位的确定要在地形图公里网、现状图地物界线、土壤图斑的多项控制之下。

4. 采样期间技术组按 5%～10% 进行抽查。

5. 编写了《野外调查取样方法和要求》《耕地土壤类型对照》《乡、镇、村行政编码》《测土配方施肥项目土样采集与田间调查验收办法》《测土配方施肥奖励办法》《大田采样点基本情况调查表和农户施肥情况调查表填制说明》《土体构型的划分标准与归类》。

（1）翁牛特旗农牧局派出 30 余名专业技术人员到各乡（镇、苏木）协助工作，严把质量关，确保每一采样点位都取样、GPS 定位读数准确无误。

（2）对每张调查表中的每一项内容逐一核对后录入计算机，建立数据库。

第二节　样品分析及质量控制

对土壤样品进行化验分析是地力等级评价的重要依据。根据《测土配方施肥技术规范》（NY/T 2911—2016）和内蒙古自治区《关于土壤测试项目和测试方法的通知》（农土肥字〔2007〕第 13 号）要求，需要完成的测试项目有所有土样的 pH、有机质、全氮、碱解氮、有效磷、速效钾、缓效钾、全磷、全钾、交换性钙、交换性镁、有效硫、有效硅、有效铁、有效锰、有效铜、有效锌、有效硼、有效钼、铬、镉、铅、砷、汞。土壤样品分析化验采用规定标准化验方法，按照要求共化验 27 个项目。

一、测试分析方法

土壤样品化验完全依照《测土配方施肥技术规范》（NY/T 2911—2016）规定的方法进行。

（1）pH：电位法。

（2）有机质：（外加热）油浴加热重铬酸钾氧化-滴定法。

（3）全氮：半微量凯氏定氮法。

（4）碱解氮：碱解扩散吸收法。

（5）全磷：氢氧化钠熔融-钼锑抗比色法。

（6）有效磷：碳酸氢钠浸提-钼锑抗比色法。

（7）全钾：碱熔-火焰光度法。

（8）缓效钾：硝酸浸提-火焰光度法。

（9）速效钾：乙酸铵浸提-火焰光度法。

（10）有效铜：DTPA 浸提-原子吸收分光光度法。

（11）有效铁：DTPA 浸提-原子吸收分光光度法。

（12）有效锰：DTPA 浸提-原子吸收分光光度法。

（13）有效锌：DTPA 浸提-原子吸收分光光度法。

（14）阳离子交换量（CEC）：EDTA-乙酸铵盐交换法。

（15）水溶性盐分总量：电导法和重量法。

（16）土壤有效硼：甲亚胺-比色法。

（17）土壤有效钼：草酸-草酸铵浸提-极谱法。

（18）土壤有效硫：磷酸盐-乙酸浸提-硫酸钡比浊法。

（19）土壤有效硅：柠檬酸提取-硅钼蓝比色法。

（20）土壤交换性钙、镁：乙酸铵盐交换法。

（21）土壤质地：手测、甲种比重法。

（22）铬：火焰原子吸收分光光度法。

（23）镉、铅：石墨炉原子吸收分光光度法。

（24）砷、汞：原子荧光法。

二、分析项次

共计分析 23 568 项次，其中大量元素 6 874 项次，中微量元素及其他项目 16 694 项次。

三、分析测试质量控制

（一）化验室建设

在测土配方施肥项目实施的过程中，化验室建设不断得到加强。在翁牛特旗农牧业局办公楼进行改造时辟出 208m² 建筑面积用来建设化验室。其中：分析室；土壤样品室；天平室；有机质、pH、氮、磷、钾测定室；铜、锌、铁、锰、硼、钼、硫等中微量元素测定室；试剂药品室；数据处理室；档案、资料室等。房间具有防尘、防火、防潮、隔热良好、光线充足等条件。同时配置防溅洒防护装置，如淋浴喷头、灭火器、急救箱等。整个化验室电力配置不小于 60kW。为保证检测环境符合检测方法需要和检测项目对温度的要求安装了恒温设备。所有仪器设备均由政府通过统一公开招标采购。为确保分析化验数据准确可靠，从全旗公开招聘 5 名具有本科以上文化水平的人员送到赤峰市中心化验室进行为期 15d 的培训，使他们熟练掌握了化验室工作的相关理论、实践、技能和技巧，熟知农业农村部下发的《测土配方施肥技术规程》（NY/T 2911—2016）中规定的检测方法、原理、程序和质量标准。制定了严格的管理办法、工作制度、岗位责任制和安全管理制度。内蒙古自治区每次进行的考核样和盲样的测试他们都一次性通过。

购置 32 台（套）分析检测设备，所有仪器设备都是目前国内最新产品，检测速度、质量等大大增强。主要仪器设备：原子吸收分光光度计（TAS-990F），紫外可见分光光度计（Ts6），数字化火焰光度计（FP6410），纯水器（CAH-30L），冷暖型空调机（KFRD-32GW），全温振荡机（HZQ-Q），示波极谱仪（JP4000），保鲜柜（SD/C-268F），电动离心机（TDL-40B），电热恒温干燥箱（JC303），马弗炉（SXL-1208），电子分析天平（HX-T），土壤粉碎机（FT102），全自动多功能滴定仪（ZDJ-2D），半微量定氮蒸馏装置，回流冷凝装置，远红外消煮炉（LNK-841）、酸度计（PHS-3C）、分光光度计（722S）等。办公条件大大改善，也配备了电脑、打印机、摄像机、GPS 定位仪等现代化工具。数据统计分析、传输全部实现电子化、自动化。

（二）质量控制方法

为确保本项目的化验分析质量，建立了完整的化验室质量保证体系。在检验过程中主要采取了：

1. 基础实验与准确度控制

为了确保化验分析结果的可靠性和准确性，对每个项目、每批（次）样品进行了 2 个平行样的全程空白值测定，测定 20 次，根据公式：$Swb = \{\sum (x_1 - \bar{x}) 2/m (n-1)\}$ 计算出批内标准差，式中，x_1 表示第 i 个数据点，$\bar{x}$ 表示所有数据点的平均值，m 表示数据点的数量，n 表示样本数量。如果测得的标准样品值在允许误差范围内，并且两个平行标准样的测定合格率达到 95%，则这批样品的测定值有效，如果标准样的测定值超出了误差允许范围，这批样品需重新测定，直到合格。在整个分析测试工作结束后再随机抽取部分样品进行结果抽查验收。

2. 精密度控制

在每批待测样品中加入 10% 的平行样，测定合格率达到 95%，如果平行样测定合格率小于 95%，在下批样品中重新测定，直到合格。在分析中发现有超过误差范围的，在找出原因的基础上，及时对该批样品再增加 100% 的平行测定，直到合格率达 100% 为止。

3. 标准曲线控制

从国家标准物质研究中心购进国家二级标准溶液，建立标准曲线，每批样品都必须作标准曲线，并且要求重现性良好，每测 10~20 个样品用标准液检验一次，标准曲线的线性相关系数应达到 0.999 以上，且进行相关系数检验。保证被测样品吸光度都在最佳测量范围内，如果超出最高浓度点，对被测样品的溶液稀释后重新测定，检查仪器状况。最终使分析结果得到保证。

4. 环境质量控制

环境温度：15~35℃；相对湿度：20%~75%；电源电压：（220±11）V，注意接地良好；噪声：仪器室噪声<55dB，工作间噪声<70dB；含尘量：<0.28mg/m³；照度：200~350lx；振动：天平室、仪器室在 4 级以下，振动速度<0.20ms。

（1）人力资源控制。按照计量认证的要求，5 名化验人员具备本科及以上文化水平，每年在开始检测分析之前都要进行为期 15d 以上的培训。

（2）仪器设备及标准物质控制。化验室计量器具主要有仪器设备、玻璃量器、标准物质三类。

①仪器设备。化验室所购买产品都是经过质量认证的专业厂家生产的产品。对检测准确性和有效性有影响的仪器设备，制定周期校核、检定计划。

②玻璃量器。化验室购置的仪器设备制造厂家都有制造计量器具许可证。

③标准物质。化验室专用的标准物质全部都是国家有关业务主管部门批准并授权生

产，附有标准物质证书且在有效期内的产品。化验室的参比样品、工作标准溶液可溯源到国家有证标准物质。

④化验室规章制度的建立。建立健全化验室各种规章制度并上墙，包括岗位职责制度、样品保存和使用管理制度、仪器设备使用管理制度、检测记录填写、检验报告审核批准管理制度、化验室安全制度、化验室原始数据、技术操作规程等有关文件资料管理制度、废弃物的处理及安全卫生制度等。

第三节　耕地资源管理信息系统的建立

旗（县）域耕地资源管理信息系统以一个旗（县）行政区域内耕地资源为管理对象，应用 RS、GPS 等现代化技术采集信息，应用 GIS 技术构建耕地资源基础信息系统，该系统的基本管理单元由土壤图、土地利用现状图叠加形成，每个管理单元土壤类型、土地利用方式以及农民的种田习惯基本一致，对辖区内的地形、地貌、土壤、土地利用、土壤污染、农业生产基本情况等资料进行统一管理，以此为平台结合各类管理模型对辖区内的耕地资源进行系统的动态管理。为政府部门制定农业发展规划、土地利用规划、种植业规划等宏观决策提供了支持，为基层农业技术推广人员、农民进行科学施肥等农事操作、了解耕地质量动态变化和土壤适宜性、进行施肥咨询和作物营养诊断等提供多方位的信息服务。

翁牛特旗耕地资源管理信息系统基本管理单元为土壤图、土地利用现状图、行政区划图叠加形成的评价单元。耕地资源管理信息系统结构和建立工作流程如图 2-2、图 2-3 所示。

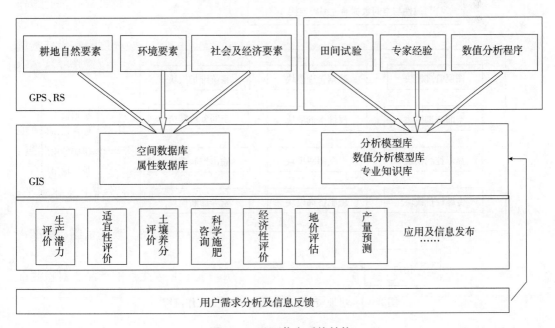

图 2-2　地理信息系统结构

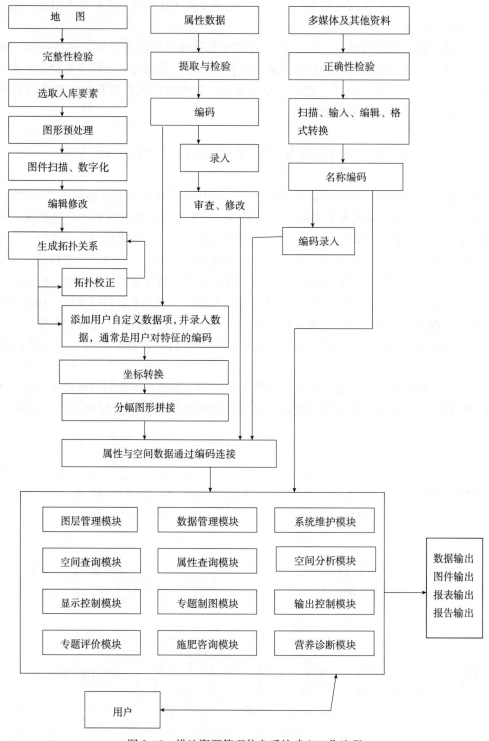

图 2-3 耕地资源管理信息系统建立工作流程

一、属性数据库的建立

（一）属性数据的内容

①湖泊、面状河流属性数据。②堤坝、渠道、线状河流属性数据。③交通道路属性数据。④行政界线属性数据。⑤县、乡、村编码表。⑥土地利用现状属性数据。⑦土壤名称编码表。⑧土种属性数据表。⑨土壤分析化验结果。⑩耕地灌溉保证率属性数据。⑪大田采样点基本情况调查数据。⑫大田采样点农户调查数据。⑬≥10℃积温数据。⑭年降水量数据。⑮土壤成土母质属性数据。⑯土壤侵蚀属性数据。⑰耕层含盐量数据。

（二）数据的审核、分类编码、录入

在录入数据前，对所有调查表和分析数据等资料进行系统的审查，对每个调查项目的描述进行规范化和标准化，对所有农化分析数据进行相应的统计分析，发现异常数据，分析原因、酌情处理。数据的分类编码是对数据资料进行有效管理的重要依据，本系统采用数字表示的层次型分类编码体系，对属性数据进行分类编码，建立了编码字典。采用 ACCESS 进行数据录入，最终以 DBASE 的 DBF 格式保存入库，文字资料以 TXT 文件格式保存，超文本资料以 HTML 格式保存，图片资料以 JPG 格式保存。将这些文件分别保存在相应的子目录下，将其相对路径和文件名录入相应的属性数据库。

二、空间数据库的建立

（一）空间数据库资料

翁牛特旗 1∶10 万的土壤图，翁牛特旗 1∶10 万的土地利用现状图。

（二）图件数字化

在进行图层要素的整理和筛选之后，对收集到的基础纸制图件进行计算机图像扫描和纠正，扫描成 300DPI 的栅格地图，并在 GIS 软件下进行配准，采用 ArcInfo 软件，在屏幕上手动跟踪图形要素完成数字化工作，数字化后，建立相关图层、字段、工作表和工作空间，对基础图件进行矢量化，按顺序对所有特征进行编辑，建立拓扑关系，对特征进行编码后分别以 coverage 和 shape 格式保存入库，建立空间数据库。再对数字化地图进行坐标转换和投影变换，统一采取高斯投影、1954 年北京大地坐标系，保存入库，形成标准、完整的数字化图层。为下一步建立数据库及其专题评价奠定基础。数字化工作流程如图 2-4 所示。

（三）属性数据库和空间数据库的连接

以建立的数码字典为基础，在数字化图件时对点、线、面（多边形）均赋予相应的属性编码，如数字化土地利用现状图时，对每一多边形同时输入土地利用编码，从而建立空间数据库与属性数据库具有连接的共同字段和唯一索引，数字化完成后，在 ArcInfo 下调入相应的属性库，完成库间的连接，并对属性字段进行相应的整理（图 2-5），使其标准化，最终建立完整的具有相应属性要素的数字化地图。

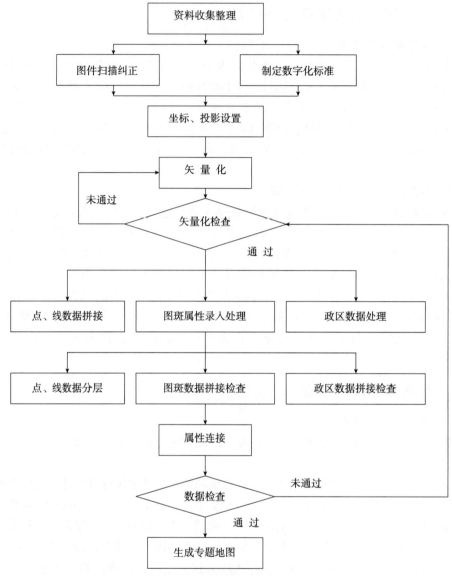

图 2-4 基础图件数字化工作流程

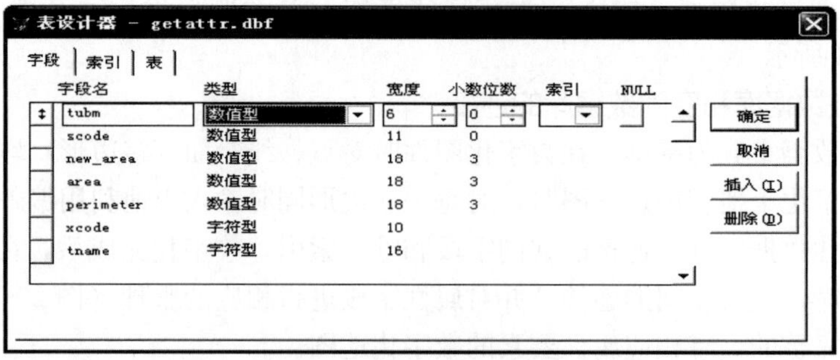

图 2-5 属性字段整理

三、评价单元的确定及各评价因素的录入

（一）评价单元的确定

将土壤图、土地利用现状图、行政区划图叠加，生成基本评价单元图。这样形成的评价单元空间界限行政隶属关系明确，有准确的面积，地貌类型及土壤类型一致，利用方式及耕作方法基本相同，这样得出的评价结果不仅可应用于农业布局规划等农业决策，还可以用于指导农业生产，为实施精准农业奠定良好的基础。

（二）各评价因素的录入

数字化各个专题图层，并建立相应的属性数据库，并将样点图通过 Kriging 插值（图 2-6）换成 GRID 数据格式，然后分别与基本评价单元图进行区域统计叠加，获取挂接在这些图层上的属性数据，使得基本评价单元图的每个图斑都有相应评价因素的属性资料。

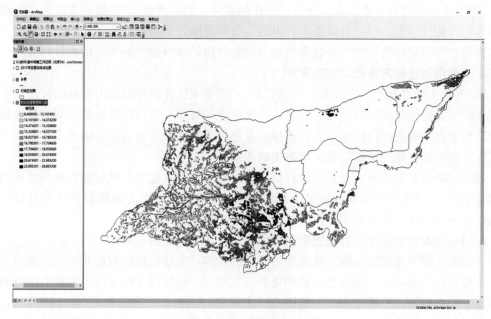

图 2-6　空间插值过程

用农业农村部开发的耕地资源管理信息系统 v.3.2，对上述数字化图件进行管理和专题评价，同时还收集、整理并调入反映翁牛特旗基本情况和土壤性状的文本资料、图片资料和影像资料，最终建立翁牛特旗耕地资源管理信息系统。

第四节　耕地地力评价的依据、技术流程、方法和结果

一、评价依据

（一）工作依据

1.《中华人民共和国农业法》（2012 年 12 月 28 日修订通过，自 2013 年 1 月 1 日起施行）

《中华人民共和国农业法》第五十八条明确规定："农民和农业生产经营组织应当保养耕地，合理使用化肥、农药、农用薄膜，增加使用有机肥料，采用先进技术，保护和提高地力，防止农用地的污染、破坏和地力衰退。县级以上人民政府农业行政主管部门应当采取措施，支持农民和农业生产经营组织加强耕地质量建设，并对耕地质量进行定期监测"。

2.《中华人民共和国基本农田保护条例》

《中华人民共和国基本农田保护条例》明确规定："县级人民政府应当根据当地实际情况制定基本农田地力分等定级办法，由农业行政主管部门会同土地行政主管部门组织实施，对基本农田地力分等定级，并建立档案。县级以上地方各级人民政府农业行政主管部门应当逐步建立基本农田地力与施肥效益长期定位监测网点，定期向本级人民政府提出基本农田地力变化状况报告以及相应的地力保护措施，并为农业生产者提供施肥指导服务"。

3.《关于进一步做好基本农田保护有关工作的意见》

《关于进一步做好基本农田保护有关工作的意见》明确指出："开展动态监测，定期通报基本农田变化情况，组织开展基本农田地力分等定级、土壤肥力和环境动态监测以及耕地地力调查与质量评价工作。结合耕地地力调查与质量评价建立基本农田质量档案"。

4.《全国测土配方施肥工作方案》

《全国测土配方施肥工作方案》明确要求："近年来已开展耕地地力调查的省份，要结合测土配方施肥项目进行耕地地力评价；尚未开展的省份，要按照耕地地力调查技术规程要求，抓紧开展有关评价技术培训，选择有条件的县开展耕地地力评价试点工作"。

5.《测土配方施肥补贴项目实施方案的通知》

新建设项目县的主要任务是"做好资料收集和图件数字化等县域耕地管理和评价的前期准备工作"；新建设项目县的主要任务是"建立规范的测土配方施肥数据库和县域土壤资源的空间数据库、属性数据库，对县域耕地地力状况进行评价"。

6.《农业农村部测土配方施肥项目验收管理办法（讨论稿）》

有关测土配方施肥数据库与耕地地力评价的内容：县域耕地资源信息系统。在测土配方施肥数据库的基础上，建立县域耕地资源信息系统，包括测土配方施肥和地力调查的属性数据、历史数据（土壤普查、土地详查、土壤肥料试验、土测值等）、数字图件（行政图、土地利用现状图、土壤图、采样点点位图、养分图、施肥分区图、评价图等）、县域耕地地力评价和施肥决策专家系统。

这些法律法规的制定与出台为耕地质量调查、耕地地力评价提供了现实依据和有力的法律保障，成为我们开展工作的重要保障。

（二）理论依据

耕地地力是指由土壤本身特性、自然背景条件和耕作管理水平等综合要素相互作用影响所表现出来的潜在生产能力。评价是以调查获得的耕地自然环境要素、耕地土壤的理化性状、耕地的农田基础设施和管理水平为依据进行评价。通过各因素对耕地地力影响的大小进行综合评定，确定不同的地力等级。耕地的自然环境要素包括耕地的地形地貌、水文地质、成土母质等；耕地土壤的理化性状包括土体构型、有效土层厚度、质地、容重等物理性状和有机质、氮、磷、钾以及中微量元素、pH等化学性状；农田基础设施和管理水平包括灌排条件、梯田化水平、水土保持工程建设以及培肥管理水平等要素相互作用条件下所表现出来的综合特征，揭示耕地综合生产力的高低。

（三）选取评价指标的原则

耕地地力评价的实质是评价地形地貌、土壤理化性状等自然要素对农作物生长限制程度的强弱。选取评价指标时应遵循以下几个原则：

1. 综合因素研究与主导因素分析相结合的原则

耕地地力是各类要素的综合体现，综合因素研究是对地形地貌、土壤理化性状以及相关的社会经济因素进行综合研究、分析与评价，以全面了解耕地地力状况。主导因素是指对耕地地力起决定作用的、相对稳定的因子，在评价中要着重对其进行研究分析。

2. 定性与定量相结合的原则

影响耕地地力的因素有定性的和定量的，评价时应定量和定性评价相结合。总体上，为了保证评价结果的客观合理，尽量采用可定量的评价因子，如有机质、有效土层厚度等按其数值参与计算评价，对非量化的定性因子如地形部位、土体构型等要素进行量化处理，确定其相应的指数，运用计算机进行运算和处理，尽量避免人为因素的影响。在评价因素筛选、权重、评价评语、等级的确定等评价过程中，尽量采用定量化的数学模型，在此基础上，充分应用专家知识，对评价的中间过程和评价结果进行必要的定性调整。

3. 采用 GIS 支持的自动化评价方法的原则

本次耕地地力评价充分应用计算机技术，通过建立数据库、评价模型实现了全数字化、自动化的评价技术流程，在一定程度上代表耕地地力评价的最新技术方法。

二、评价的技术流程

地力评价的整个过程主要包括三方面的内容：一是相关资料的收集、计算机软硬件的准备及建立相关的数据库；二是耕地地力评价，包括划分评价单元、选择评价因素并确定单因素评价评语和权重、计算耕地地力综合指数、确定耕地地力等级；三是评价结果分析，即依据评价结果量算各等级的面积、编制耕地地力等级分布图、分析不同等级耕地使用中存在的问题、提出耕地资源可持续利用的措施建议。评价的技术流程如图 2-7 所示，主要分为以下几个步骤：

（一）评价指标的确定

耕地地力评价指标的确定主要遵循以下几方面的原则：①选取的因素对耕地地力有比较大的影响。如地形因素、土壤因素、土壤管理等。②选取的因素在评价区域内的变异较大，便于划分耕地地力的等级。如土壤侵蚀程度、耕层含盐量等。③选取的评价因素在时间序列上具有相对的稳定性。如土壤质地、有机质含量等，评价的结果有较长的有效期。④选取的评价因素与评价区域的大小有密切的关系。如气候因素中的降水、无霜期等。

（二）选取评价指标

根据上述原则，聘请内蒙古自治区、赤峰市和翁牛特旗农业方面的 25 位专家组成专

图 2-7　耕地地力评价技术流程

家组，集中专家智慧，通过专家技术组会议商议，在全国耕地地力评价因素总集（表 2-1）评价指标体系框架中，选择适合翁牛特旗实际情况并对耕地地力影响较大的指标作为评价因素。通过两轮投票，确定气象、立地条件、剖面构型、理化性状、障碍因素、土壤管理6 个项目的 16 个因素为翁牛特旗耕地地力的评价指标。

表 2-1 全国耕地地力评价因素总集

项目	全国		项目	全国	
气象	≥0℃积温		理化性状	质地	8
	≥10℃积温	1		容重	
	年降水量	2		pH	9
	全年日照时长			CEC	10
	光能辐射总量			有机质	11
	无霜期	3		全氮	
	干燥度			有效磷	12
立地条件	经度			速效钾	13
	纬度			缓效钾	
	海拔			有效锌	14
	地貌类型	4		有效硼	
	地形部位			有效钼	
	坡度			有效铜	
	坡向			有效硅	
	成土母质	5		有效锰	
	土壤侵蚀类型			有效铁	
	土壤侵蚀程度	6		有效硫	
	林地覆盖率			交换性钙	
	地面破碎情况			交换性镁	
	地表岩石露头状况		障碍因素	障碍层类型	
	地表砾石度			障碍层出现位置	
	田面坡度			障碍层厚度	
剖面性状	剖面构型			耕层含盐量	15
	质地构型	7		1m 土层含盐量	
	有效土层厚度			盐化类型	
	耕层厚度			地下水矿化度	
	腐殖层厚度		土壤管理	灌溉保证率	16
	田间持水量			灌溉模数	
	冬季地下水位			抗旱能力	
	潜水埋深			排涝模数	
	水型			轮作制度	
				梯田类型	
				梯田熟化年限	

注：表中数字表示耕地地力评价主要选取的 16 项因子。

1. 气象条件

≥10℃积温、年降水量、无霜期。

2. 立地条件

地貌类型、成土母质、土壤侵蚀程度。

3. 剖面性状

质地构型。

4. 理化性状

质地、pH、CEC、有机质、有效磷、速效钾、有效锌。

5. 障碍因素

耕层含盐量。

6. 土壤管理

灌溉保证率。

形成了适合翁牛特旗的耕地地力评价指标体系（图2-8）。

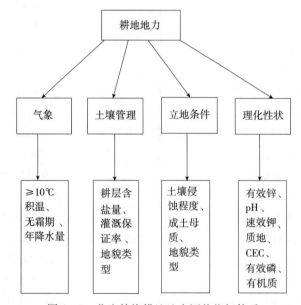

图2-8 翁牛特旗耕地地力评价指标体系

（三）评价单元的划分

耕地地力评价单元是具有专门特征的耕地单元，是评价的最基本单位，在评价系统中被用于制图的区域，在生产上被用于实际的农事管理，是耕地地力评价的基础。因此，科学确定耕地地力评价单元是做好耕地地力评价的关键。评价单元划分得合理与否直接关系到评价结果的准确性。本次耕地地力评价采用土壤图、土地利用现状图叠加形成的图斑作为评价单元。土壤图划分到土种，土地利用现状图划分到二级利用方式，同一评价单元的土种类型、利用方式一致，不同评价单元之间既有差异性又有可比性。

对土地利用现状图（1∶5万）、土壤图（1∶5万）进行叠加，提取农用地，合并小单元格，将形成的图斑作为评价单元。评价单元空间界线及行政隶属关系明确，有准确的面积、地貌类型，土壤类型一致，利用方式及耕作方法基本相同，由此得出的评价结果不仅可以应用于农业布局规划等农业决策，还可以用于实际的农事操作，可为测土配方施肥及实施精准农业奠定良好的基础（图2-9）。

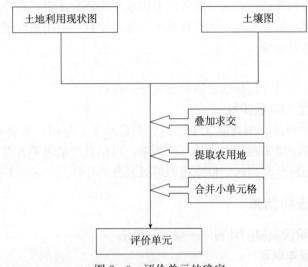

图2-9 评价单元的确定

（四）评价单元数据获取（评价单元赋值）

基本评价单元图的每个图斑都必须有参与评价指际的属性数据。我们舍弃直接用键盘输入参评因子值的传统方式，将评价单元与各专题图件叠加采集各参评因素的信息，具体做法：第一，按唯一标识原则为评价单元编号；第二，生成评价信息空间库和属性数据库；第三，从图形库中调出评价因子的专题图，与评价单元图进行叠加；第四，保持评价单元几何形状不变，直接对叠加后形成的图形属性库进行操作，以评价单元为基本统计单位，按面积加权平均汇总评价单元各评价因素的值。由此，得到图形与属性相连的、以评价单元为基本单位的评价信息，为后续耕地地力的评价奠定基础。

每个评价单元都必须有参与地力评价指标的属性数据。数据类型不同，评价单元获取数据的途径也不同，分为以下几种途径：

1. 点位图

对于土壤pH、阳离子交换量、有机质、有效磷、速效钾、有效锌等，利用空间插值法生成栅格图，与评价单元图叠加后采用加权统计的方法给评价单元赋值，使评价单元获得相应的属性数据。

2. 矢量图

对于土壤侵蚀程度、耕层含盐量、灌溉保证率，利用矢量化的土壤侵蚀图、耕层盐化度图、水分利用分区图直接与评价单元图叠加，再采用加权统计的方法为每个评价单元赋值。

3. 等值线图

对于≥10℃积温、年降水量、无霜期，利用积温、无霜期等值线，先采用地面高程模型生成栅格图，再与评价单元图叠加，采用分区统计的方法给评价单元赋值。

土壤质地、地貌类型、质地构型、成土母质等较稳定因素根据不同的土种类型给评价单元赋值。

（五）评价过程

应用层次分析法和模糊评价法计算各因素的权重和评价评语，在耕地资源管理信息系统支撑下，以评价单元图为基础，计算耕地地力综合指数，应用累计频率曲线法确定分级方案，评价耕地的地力等级。

（六）评价成果

成果内容包括电子图件、数据表格和各种分析报告。

（七）归入国家地力等级体系

选择 10% 的评价单元，调查近 3 年的粮食产量水平，与用自然要素评价的地力综合指数进行相关性分析，找出两者之间的对应关系，以粮食产量水平为引导，归入全国耕地地力等级体系《全国耕地类型区、耕地地力等级划分》（NY/T 309—1996）。

三、评价方法和结果

（一）单因素评价隶属度的计算——模糊评价法

1. 模糊评价法基本原理

耕地是在自然因素和人为因素共同作用下形成的一种复杂的自然综合体，受时间、空间因素的制约。现阶段，这些制约因素的作用还难以用精确的数字来表达。同时，耕地质量本身在"好"与"不好"之间也无截然的界限，这类界限具有模糊性，因此，可以用模糊评价法来计算单因素评价评语。

模糊数学的概念与方法在农业系统数量化研究中得到广泛的应用。模糊子集、隶属函数与隶属度是模糊数学的三个重要概念。一个模糊性概念就是一个子集，模糊子集 A 的取值为 0～1 的任一数值（包括两端的 0 与 1）。隶属度是元素 x 符合这个模糊性概念的程度。完全符合时隶属度为 1，完全不符合时隶属度为 0，部分符合取 0 与 1 之间的值。而隶属函数 $\mu A(x)$ 是表示元素 x_i 与隶属度 μ_i 之间关系的解析函数。根据隶属函数，对于每个 x_i 都可以算出对应的隶属度 μ_i。

应用模糊子集、隶属函数与隶属度的概念，可以将农业系统中大量模糊性的定性概念转化为定量的表示。对于不同类型的模糊子集，可以建立不同类型的隶属函数关系。

2. 隶属函数模型的选择

根据翁牛特旗评价指标的类型，将选定的表达评价指标与耕地生产能力关系的函数模型分为戒上型、戒下型和概念型 3 种类型（pH 应为峰型函数，但翁牛特旗耕地的 pH 大部分都大于 7，所以定为戒上型），其表达式分别如下。

①戒上型函数（如有机质、有效磷等）。

$$Y_i = \begin{cases} 0 & \mu_i \leqslant \mu_t \\ 1/\left[1 + a_i\left(\mu_i - c_i\right)^2\right] & \mu_t < \mu_i < c_i,\ (i = 1, 2, \cdots, m) \\ 1 & c_i \leqslant \mu_i \end{cases}$$

式中：Y_i 为第 i 个因素的评语；μ_i 为样品观察值；c_i 为标准指标；a_i 为系数；μ_t 为指标下限值。

②戒下型函数。

③概念型指标（如地貌类型、质地构型等）。

这类指标的性状是定性的、综合性的，与耕地的生产能力之间是一种非线性的关系。这类要素的评价采用特尔斐法直接给出隶属度。

3. 专家评估值

由专家组对各评价指标与耕地地力的隶属度进行评估，给出相应的评估值。应用以上模糊评价法进行单因素评价，对 25 位专家的评估值进行统计，作为拟合函数的原始数据。计算出翁牛特旗各评价因素的隶属度。专家评估值见表 2-2。

表 2-2 数量型评价因素专家评估值

评价因素	项目	专家评估值									
有机质 （g/kg）	指标	4	7	10	13	16	19	22	25	28	31
	评估值	0.25	0.30	0.41	0.53	0.66	0.79	0.87	0.93	0.96	0.98
有效磷 （mg/kg）	指标	3	6	9	12	15	18	21	24	27	>27
	评估值	0.18	0.23	0.33	0.46	0.50	0.66	0.78	0.86	0.91	0.94
CEC （cmol/kg）	指标	5	8	11	14	17	20	23	26	29	>29
	评估值	0.4	0.43	0.65	0.70	0.78	0.84	0.89	0.91	0.92	
速效钾 （mg/kg）	指标	35	65	95	125	155	185	215	245	275	>275
	评估值	0.30	0.36	0.45	0.57	0.70	0.84	0.88	0.94	0.96	0.98
pH	指标	6.0	6.4	6.8	7.2	7.6	8.0	8.4	8.9	>8.9	
	评估值	0.68	0.70	0.82	0.99	0.99	0.85	0.70	0.54	0.50	
有效锌 （mg/kg）	指标	0.15	0.3	0.45	0.6	0.75	0.9	1.05	1.2	>1.2	
	评估值	0.20	0.25	0.36	0.59	0.67	0.80	0.90	0.94	0.96	

4. 隶属函数的拟合

根据专家给出的评估值与对应评价因素指标值（表 2-2），分别应用戒上型函数模型和戒下型函数模型进行回归拟合，建立回归函数模型（表 2-3），用经拟合检验达显著水平者进行隶属度的计算。

表 2-3 评价因素类型及其隶属函数

函数类型	项目	隶属函数	c	u_t
戒上型	有机质（g/kg）	$Y = 1/[1 + 0.003(u-c)^2]$	30	4
戒上型	有效磷（mg/kg）	$Y = 1/[1 + 0.003(u-c)^2]$	30	3
戒上型	CEC（cmol/kg）	$Y = 1/[1 + 0.003(u-c)^2]$	30	5
戒上型	速效钾（mg/kg）	$Y = 1/[1 + 0.00003(u-c)^2]$	285	35
戒上型	有效锌（mg/kg）	$Y = 1/[1 + 1.132(u-c)^2]$	1.3	0.15
峰型	pH	$Y = 1/[1 + 0.602(u-c)^2]$	7	6、9

16 项评价因素中 6 项为数量型指标，可以应用模型进行模拟计算，有 10 项指标为概念型指标，由专家根据各评价指标与耕地地力的相关性，通过经验直接给出隶属度（表 2-4）。

表 2-4 非数量型评价因素隶属度专家评估值

评价因素	项目	专家评估值			
成土母质	指标	风积沙	中基性岩	黄土母质	冲积母质
	隶属度	0.1	0.3	0.7	0.9
地貌类型	指标	沙地	低山台地	黄土丘陵	冲积平原
	隶属度	0.1	0.4		1
耕层含盐量	指标	轻度盐化	中度盐化	无	
	隶属度	0.8	0.4	1.0	
灌溉保证率	指标	无灌溉	基本满足	充分满足	
	隶属度	0.1	0.7	1	
年降水量（mm）	指标	≤330	330~360	360~390	＞390
	隶属度	0.1	0.3	0.6	0.9
≥10℃积温（℃）	指标	≤2 400	2 400~2 800	2 800~3 200	＞3 200
	隶属度	0.1	0.3	0.7	0.9
土壤侵蚀程度	指标	重度侵蚀	中度侵蚀	轻度侵蚀	无
	隶属度	0.1	0.3	0.7	1
无霜期	指标	≤115	115~125	125~135	＞135
	隶属度	0.1	0.3	0.7	0.9
质地构型	指标	薄层型	通体沙	通体壤	
	隶属度	0.1	0.2	0.9	
质地	指标	沙质	壤质		
	隶属度	0.2	0.8		

（二）单因素权重的计算——层次分析法

1. 层次分析法基本原理

层次分析法的基本原理是把复杂问题中的各个因素按照相互之间的隶属关系排成从高到低的 3 个层次，根据对一定客观现实的判断就同一层次的相对重要性进行相互比较的结果，决定该层次各元素重要性次序。

用层次分析法进行系统分析，首先要把问题层次化（图 2-8），根据问题的性质和要达到的总目标，将问题分解为不同的组成因素，并按照因素间的相互关联影响以及隶属关系将各因素按不同层次聚合，形成一个多层次的分析结构模型，并最终把系统分析归结为最底层（供决策的方案、措施等）相对于最高层（总目标）的相对重要性权值的确定或相对优劣的排序问题。

在排序计算中，每一层次的因素相对于上一层次某一因素的单排序问题又可简化为一系列成对因素的判断比较。为了将比较判断定量化，层次分析法引入1～9比率标度方法，并写成矩阵形式，即构成所谓的判断矩阵。形成判断矩阵后，即可通过计算判断矩阵的最大特征根及其对应的特征向量，计算出某一层次元素相对于上一层次某一个元素的相对重要性权值。在计算出某一层次相对于上一层次各个元素的单排序权重值后，用上一层次因素本身的权重加权综合，即可计算出某层次因素相对于上一层次的相对重要性权值，即层次总排序权值。这样，依次由上而下即可计算出最底层因素相对于最高层因素的相对重要性权值或相对优劣的排序值。根据对系统的这种数量分析进行决策、政策评价、选择方案、制定和修改计划、分配资源、决定需求、预测结局、找到解决冲突的方法等。

根据层次分析法的原理，把16个评价因素按照相互之间的隶属关系排成从高到低的3个层次（图2-7），A层为耕地地力，B层为相对共性的因素，C层为各单项因素。根据层次结构图，请专家组就同一层次对上一层次的相对重要性给出数量化的评估，经统计汇总构成判断矩阵，通过矩阵求得各因素的权重（特征向量）。计算结果见表2-5。

表 2-5 B层判断矩阵

项目	B_1	B_2	B_3	B_4
气象（B_1）	1	0.333 3	0.2	0.125
立地条件（B_2）	3	1	0.333 3	0.166 7
土壤管理（B_3）	5	3	1	0.25
理化性状（B_4）	8	6	4	1

特征向量：[0.052 1，0.110 4，0.231 8，0.605 7]。

最大特征根：4.149 4。

$CI=0.049\ 816\ 171\ 516\ 67$。

$RI=0.9$。

$CR=CI/RI=0.055\ 351\ 30<0.1$。

一致性检验通过！

2. C层判断矩阵计算（表2-6至表2-9）

表 2-6 C层判断矩阵（气象）

项目	C_1	C_2	C_3
降水量（C_1）	1	0.333 3	0.142 9
≥10℃积温（C_2）	3	1	0.2
无霜期（C_3）	7	5	1

特征向量：[0.083 3，0.193 2，0.723 5]。

最大特征根：3.065 9。

$CI=3.295\ 998\ 902\ 7\times10^{-2}$。

$RI=0.58$。

$CR=CI/RI=0.056\ 827\ 57<0.1$。

一致性检验通过！

表2-7 C层判断矩阵（立地条件）

项目	C_4	C_5	C_6	C_7
成土母质（C_4）	1	0.333 3	0.142 9	0.111 1
地貌类型（C_5）	3	1	0.2	0.142 9
侵蚀程度（C_6）	7	5	1	0.333 3
质地构型（C_7）	9	7	3	1

特征向量：[0.044 5，0.090 3，0.291 3，0.573 9]。

最大特征根：4.168 5。

$CI = 5.617\ 243\ 015\ 007\ 92 \times 10^{-2}$。

$RI = 0.9$。

$CR = CI/RI = 0.062\ 413\ 81 < 0.1$。

一致性检验通过！

表2-8 C层判断矩阵（土壤管理）

项目	C_8	C_9
耕层含盐量（C_8）	1	0.125
灌溉保证率（C_9）	8	1

特征向量：[0.111 1，0.888 9]。

最大特征根：2。

$CI = 0$。

$RI = 0$。

$CR = CI/RI = 0.000\ 00 < 0.1$。

一致性检验通过！

表2-9 C层判断矩阵（理化性状）

项目	C_{10}	C_{11}	C_{12}	C_{13}	C_{14}	C_{15}	C_{16}
质地（C_{10}）	1	0.5	0.333 3	0.25	0.20	0.142 9	0.111 1
pH（C_{11}）	2	1	0.5	0.333 3	0.25	0.166 7	0.125 0
CEC（C_{12}）	3	2	1	0.50	0.333 3	0.20	0.142 9
有机质（C_{13}）	4	3	2	1	0.5	0.25	0.166 7
有效磷（C_{14}）	5	4	3	2	1	0.333 3	0.25
速效钾（C_{15}）	7	6	5	4	3	1	0.333 3
有效锌（C_{16}）	9	8	7	6	4	3	1

特征向量：[0.027 1，0.039 1，0.058 5，0.087 1，0.130 9，0.242 3，0.414 9]。

最大特征根：7.285 33。

$CI = 4.755\ 703\ 177\ 626\ 64 \times 10^{-2}$。

$RI = 1.32$。

$CR = CI/RI = 0.036\ 028\ 05 < 0.1$。

一致性检验通过！

评价因素的组合权重$= B_j C_i$，B_j为 B 层中判断矩阵的特征向量，$j = 1，2，3，4$；C_i为 C 层判断矩阵的特征向量，$i = 1，2，\cdots，16$。各评价因素的组合权重计算结果见表 2-10。

表 2-10 评价因素组合权重计算结果

层次 A	层次 C				
	气象 (0.052 1)	土壤管理 (0.110 4)	立地条件 (0.231 8)	理化性状 (0.605 7)	组合权重 ($B_j C_i$)
≥10℃积温（C_1）	0.083 3				0.004 3
无霜期（C_2）	0.193 2				0.010 1
年降水量（C_3）	0.723 5				0.037 7
耕层含盐量（C_4）		0.111 1			0.012 3
灌溉保证率（C_5）		0.888 9			0.098 1
侵蚀程度（C_6）			0.044 5		0.010 3
成土母质（C_7）			0.090 3		0.020 9
地貌类型（C_8）			0.291 3		0.067 5
质地构型（C_9）			0.573 9		0.133 1
有效锌（C_{10}）				0.027 1	0.016 4
pH（C_{11}）				0.039 1	0.023 7
速效钾（C_{12}）				0.058 5	0.035 4
质地（C_{13}）				0.087 1	0.052 8
CEC（C_{14}）				0.130 9	0.079 3
有效磷（C_{15}）				0.242 3	0.146 8
有机质（C_{16}）				0.414 9	0.251 3

（三）计算耕地地力综合指数

用加法模型计算耕地地力综合指数（IFI），公式为

$$IFI = \sum F_i C_i \quad (i = 1，2，3，\cdots，m)$$

式中：IFI（integrated fatitity index）代表地力综合指数；F_i为第 i 个因素的评价评语（隶属度）；C_i为第 i 个因素的组合权重。

应用耕地资源管理信息系统中的模块计算，得出耕地地力综合指数的最大值为 0.834、最小值为 0.289。

（四）确定耕地地力综合指数分级方案

用样点数与耕地地力综合指数制作累积频率曲线图，根据样点分布频率，分别用耕地地力综合指数（0.29~0.41，0.41~0.47，0.47~0.56，0.56~0.63，0.63~0.83）将翁

牛特旗的耕地分为 5 个等级，各等级耕地的面积见图 2-10。

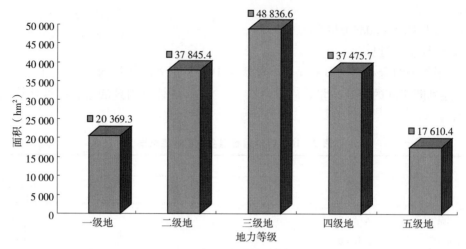

图 2-10 翁牛特旗各等级耕地面积

（五）归入农业农村部地力等级体系

在上述根据自然要素评价的各地力等级中，按农业农村部《全国耕地类型区、耕地地力等级划分》（NY/T 309—1996），将本次评价结果的一级地归入农业农村部地力等级体系的六等地、面积 20 369.3hm²，将二级地归入七等地、面积 37 845.4hm²，将三级地归入八等地、面积 48 836.6hm²，将四级地归入九等地、面积 37 475.7hm²，将五级地归入十等地、面积 17 610.4hm²（表 2-11）。

表 2-11 翁牛特旗耕地地力等级归并结果

项目	一级地	二级地	三级地	四级地	五级地
农业农村部标准	六等地	七等地	八等地	九等地	十等地
面积（hm²）	20 369.3	37 845.4	48 836.6	37 475.7	17 610.4
产量水平（kg/hm²）	6 000	4 500～6 000	3 000～4 500	1 500～3 000	<1 500

第五节 图件的编制和面积量算

一、图件的编制

在应用软件 ArcInfo 的支持下进行图件的自动编绘处理，共编辑完成 30 幅数字化专题成果图（见附件部分）。

（一）地理要素底图的编制

地理要素的内容是专题图的重要组成部分，用于反映专题图内容的地理分布，并作为图幅叠加处理的分析依据。地理要素的选择应与专题内容相协调，并考虑图件的负载量和清晰度，应选择基本的、主要的地理要素。本次调查以翁牛特旗的土地利用现状图为基础，选取居民点、交通道路、水系、乡镇界、村界等主要地理要素，编辑生成 1∶5 万地理要素底图。

（二）专题图件的编制

对于地力等级、各种养分等专题图件，按照各要素的分级分别赋予相应的颜色，标注相应的代号，生成专题图层，之后与地理要素图复合，编辑处理生成专题图件。

二、面积量算

面积的量算可通过与专题图相对应的属性库的操作直接完成。如对耕地地力等级面积的量算，可在数据库的支持下，对图件属性库进行操作，检索相同等级的面积，然后汇总得出各类地力等级耕地的面积。

第三章

耕地立地条件和农田基础设施建设

第一节　耕地立地条件

一、地貌类型

地貌类型是由内力和外力相互作用于原有地质体的产物。也就是说，内力的构造运动产生了地貌形态的基本轮廓。外力（环境条件）在地质构造的基础上进行了剥蚀和改造后，塑造了现代地貌类型。翁牛特旗地貌可大致分为低山台地、黄土丘陵、冲积平原、沙地4个类型。不同地貌类型耕地地力等级分布情况见表3-1。

表3-1　不同地貌类型地力等级面积统计

地力等级	项目	低山台地	黄土丘陵	冲积平原	沙地
一级地	面积（hm²）	2 580.4	5 617.7	12 171.2	0.0
	占一级地比例（%）	12.7	27.6	59.8	0.0
二级地	面积（hm²）	7 929.4	23 367.7	6 541.8	6.6
	占二级地比例（%）	21.0	61.7	17.3	0.0
三级地	面积（hm²）	7 550.1	22 115.3	19 149.8	21.4
	占三级地比例（%）	15.5	45.3	39.2	0.0
四级地	面积（hm²）	9 203.3	25 246.6	2 818.4	207.4
	占四级地比例（%）	24.6	67.4	7.5	0.6
五级地	面积（hm²）	2 551.2	14 285.3	464.2	309.7
	占五级地比例（%）	14.5	81.1	2.6	1.8
合计	面积（hm²）	29 814.4	90 632.6	41 145.4	545.1
	占总耕地比例（%）	18.4	55.9	25.4	0.3

（一）低山台地地貌类型

该地貌类型区主要位于翁牛特旗西部，海拔较高，相对高度500~1 000m，山岭顶部多为钝圆形。山坡为凸形坡或直形坡。山体中上部为坡积、残积物，中下部为第四纪黄土。该区域内的地貌以熔岩台地为主，海拔1 000~1 600m，面积占整个地貌区的2/3以上。台地表面起伏平缓，整体自西向东倾斜。其上零星分布着独立的浑圆形岗丘。台地边坡多为坡积、残积物，有小部分侵蚀地貌。这里是羊肠河、少郎河、苇塘河的发源地。河谷地貌中以河床为主，河漫滩发育不完全，在接近低山丘陵区的河流两侧，分布着窄长条状的冲积阶地。

该地貌类型耕地面积 29 814.4hm²，占耕地总面积的 18.4%。其中一级地 2 580.4hm²，占该地貌类型耕地面积的 8.7%，占全旗一级地耕地面积的 12.7%；二级地 7 929.4hm²，占该地貌类型耕地面积的 26.6%，占全旗二级地耕地面积的 21.0%；三级地 7 550.1hm²，占该地貌类型耕地面积的 25.3%，占全旗三级地耕地面积的 15.5%；四级地 9 203.3hm²，占该地貌类型耕地面积的 30.9%，占全旗四级地耕地面积的 24.6%；五级地 2 551.2hm²，占该地貌类型耕地面积的 8.6%，占全旗五级地耕地面积的 14.5%（图 3-1）。

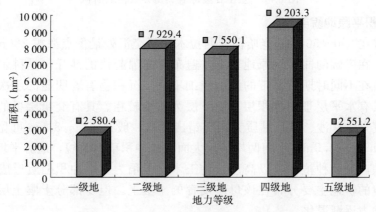

图 3-1 低山台地地貌类型等级耕地面积

（二）黄土丘陵地貌类型

该区山川交错，丘陵起伏，海拔 500～1 000m。西北部多为低山，相对高度为 150～250m，坡面较陡，坡度一般为 15°～35°。整个山体除上部有坡积、残积物露出外，中下部均被黄土覆盖。东南部多为浑圆形土丘，起伏和缓，相对高度 30～50m，坡度 5°～15°，黄土覆盖厚度 10～50m。该区内外力作用以流水侵蚀为主，地表被切割得支离破碎。山前沟口常有大小不等的洪积扇和洪积锥分布。靠近东部沙区边缘地带，受风的吹蚀较重，形成了一部分风蚀沙化地貌。该区河谷属于羊肠河、少郎河的中游地段，河谷地貌形态自西向东逐渐展宽。河流下切较深，呈 U 形。一级阶地发育完整，阶地表面平坦，土层深厚，土质肥沃，多为高产农田。河床两侧分布有宽窄不等的河漫滩。

该地貌类型耕地面积 90 632.6hm²，占耕地总面积的 55.9%。其中一级地 5 617.7hm²，占该地貌类型耕地面积的 6.2%，占全旗一级地耕地面积的 27.6%；二级地 23 367.7hm²，占该地貌类型耕地面积的 25.8%，占全旗二级地耕地面积的 61.7%；三级地 22 115.3hm²，占该地貌类型耕地面积的 24.4%，占全旗三级地耕地面积的 45.3%；四级地 25 246.6hm²，占该地貌类型耕地面积的 27.8%，占全旗四级地耕地面积的 67.4%；五级地 14 285.3hm²，占该地貌类型耕地面积的 15.8%，占全旗五级地耕地面积的 81.1%（图 3-2）。

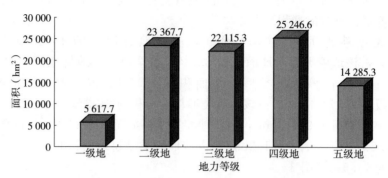

图 3-2　黄土丘陵地貌类型等级耕地面积

（三）冲积平原地貌类型

该区海拔在 $300\sim500m$，老哈河与西拉木伦河交汇处最低点海拔 286m。该区以风积地貌为主，在广阔的冲积平原地貌上，遍布着连绵起伏的沙丘，是科尔沁沙地的西缘。由于河流在不同时期所携带的泥沙粗细不一，沉积物有着明显的层次，表层形成质地细腻而具有水平层理的堆积层；而下层为质地较粗、具有交错层里的堆积层，土体结构较为复杂，并沙、壤、黏质夹层交错出现，一般在 $1.0\sim3.5m$ 可见母质层，个别地方 $<1.0m$ 或 $>3.5m$。沿河两岸是较大面积的冲积草甸地貌，地势平坦，是翁牛特旗主要商品粮产区，种植作物以高产作物玉米、水稻为主。冲积母质形成的草甸土比较肥沃，全旗的耕地主要分布在该母质发育的土壤上，但少部分土壤土层较薄，沙化严重，耕地地力逐渐退化。

该地貌类型耕地面积 41 145.4hm²，占耕地总面积的 25.4%。其中一级地 12 171.2hm²，占该地貌类型耕地面积的 29.63%，占全旗一级地耕地面积的 59.8%；二级地 6 541.8hm²，占该地貌类型耕地面积的 15.9%，占全旗二级地耕地面积的 17.3%；三级地 19 149.8hm²，占该地貌类型耕地面积的 46.5%，占全旗三级地耕地面积的 39.2%；四级地 2 818.4hm²，占该地貌类型耕地面积的 6.8%，占全旗四级地耕地面积的 7.5%；五级地 464.2hm²，占该地貌类型耕地面积的 1.1%，占全旗五级地耕地面积的 2.6%（图 3-3）。

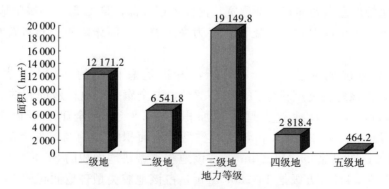

图 3-3　冲积平原地貌类型等级耕地面积

（四）沙地地貌类型

沙地地貌类型主要分在翁牛特旗东部，海拔 $300\sim500m$。在广阔的冲积平原的基准面上，遍布连绵起伏的沙丘，俗称"八百里瀚海"，为科尔沁沙地的组成部分。由流动沙丘、半固定沙丘和一小部分固定沙丘构成，主要为复合新月形沙丘链和蜂窝沙丘相间排列的地貌景观。沙丘间零星分布着草甸地和沼泽。沿河流域是大面积的冲积草甸地貌。地势平坦，植被生长茂密，是全旗主要的牧业生产基地。草甸间低洼处分布着沼泽。该区河流地貌表现为：河道宽阔，下蚀力减弱，侧蚀力增强，多产生汊河，并塑造有深槽、浅滩、边滩、心滩、江心洲等河流地貌形态。这些地貌形态在西拉木伦河尤为明显。

该地貌类型耕地面积 $545.1hm^2$，占耕地总面积的 0.3%。其中一级地面积为0。二级地 $6.6hm^2$，占该地貌类型耕地面积的 1.2%；三级地 $21.4hm^2$，占该地貌类型耕地面积的 3.9%；四级地 $207.4hm^2$，占该地貌类型耕地面积的 38.1%，占全旗四级地耕地面积的 0.6%。五级地 $309.7hm^2$，占该地貌类型耕地面积的 56.8%，占全旗五级地耕地面积的 1.8%（图 3-4）。

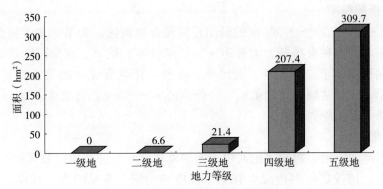

图 3-4　沙地地貌类型等级耕地面积

二、自然植被

植被在土壤形成中的重要作用在于它与土壤之间的物质和能量交换的过程。不同类型的植被群落和其他因素结合，决定了土壤形成的方向，从而产生不同类型的土壤。

翁牛特旗的自然植被主要受气候条件和地貌类型的影响，大致可分为森林植被、灌丛草原植被、草甸草原植被、干草原植被、草甸植被、沙生植被、沼泽植被及人工植被8种类型。草原类型主要有山地草甸草原、山地干草原、丘陵干草原、平原沙地草场亚类草原、河漫滩沼泽草原。

（一）森林植被

翁牛特旗的天然森林植被被破坏殆尽，在西部海拔 $2\,000m$ 左右的中山山地阴坡有零星分布，其次是松树山上存留的部分，总面积仅为 $2\,310hm^2$，西部中山台地上的森林植被为落叶阔叶林。主要建群种类有山杨、白桦、蒙古栎、蒙椴等。林下灌木主要有虎榛子、绣线菊、黄柳等。草本植物有唐松草、玉竹、万年蒿等。松树山一带的森林植被主要建群种类为油松、兴安落叶松、蒙古栎和少量的杜松等。林下灌木为虎榛子、兴安杜鹃等。由于这一带受风沙的侵蚀，林下草本植物多被旱生或沙生杂草代替。这一植被类型区的灌木一般高 60～120cm，草高 30～40cm，覆盖度 80% 以上。在这一植被条件下发育的土壤主要是黑色森林土和典型棕壤。面积小，分布零散。松树山一带由于沙化严重，很少见森林土壤出露。

（二）灌丛草原植被

分布在西部中山山地阴坡及玄武岩台地边坡。原来的森林植被遭到破坏，残存着零星的乔木且生长较弱。植被类型的主要建群种类为灌木和草本植物。灌木有黄柳、虎榛子、绣线菊、山杏、山榆等。草本植物有薹草、地榆、唐松草、野芍药、万年蒿等。一般灌木高 40～100cm，覆盖度 70%～80%。在这一植被类型下发育着黑钙土。

（三）草甸草原植被

分布于海拔 1 500～2 000m 的中山山地或平缓台地上。属杂类草群落，以乔木科杂草为主。主要建群种类有薹草、唐松草、地榆、二裂委陵菜、羊草、大针茅、兔毛蒿、达乌里胡枝子、碱草等。草高 20～40cm，覆盖度 70%～80%。在这一植被类型下发育着黑钙土。

（四）干草原植被

广泛分布于海拔 500～1 500m 的低山丘陵及台地地区。为旱生多年生杂草类群落，以禾本科为主。优势种有羊草、大针茅、贝加尔针茅、赖草、冰草、冷蒿、糙隐子草、百里香、达乌里胡枝子、狗尾草、虎尾草、蒺藜，伴生有成片的狼毒、甘草等。这一地区气候干旱、土壤贫瘠、草层低矮，一般草高 10～30cm，覆盖度 30%～40%。在这一植被条件下发育着栗钙土。

（五）草甸植被

分布在东部老哈河、西拉木伦河中下游的草甸地、丘间洼地以及其他河流沿岸的河漫滩和低地上，植被群落多由湿生和中生性植物组成。常见的有三棱草、芨芨草、薹草、小糠草、鹅绒委陵菜、细灯芯草、苣荬菜、稗、星星草、蒲公英等。在盐化的草甸上生长着盐地碱蓬、碱蒿、马蔺等耐盐性草本植物。草高 15～40cm，多数生长茂密，覆盖度 60%～70%。在盐化地区，受盐分的影响，植物的生长势相对变弱，覆盖度 40%～50%。在这一植被条件下发育着草甸土。

（六）沙生植被

主要分布在东部区坨沼沙地上。以耐旱性丛生灌木和沙生杂草为主。主要灌木有柠条（小叶锦鸡儿）、沙柳、黄柳、红柳、桑柴等。沙生草本植物有沙蒿、沙蓬、蒺藜、虎尾草、狗尾草、猪毛菜等。灌木高 40～100cm，草高 10～30cm，覆盖度 20%～30%。在这一植被条件下主要发育着半固定风沙土和固定风沙土。

（七）沼泽植被

分布在东部草甸区域内常年或季节性的低洼及丘间洼地上。以喜湿性植物为主，主要有苇草、薹草、香蒲属、水莎草、三棱草、野慈姑、泽泻等。一般草高 60～120cm，覆盖度 80%～90%。在这一植被条件下发育着沼泽土。

（八）人工植被

包括各种农作物和人工林。农作物主要是谷子、玉米、高粱、糜子、大豆、向日葵、小麦、水稻、莜麦等。人工林中主要是杨树、榆树等乔木和锦鸡儿、棉槐等灌木。在人工植被条件下，土壤的发育具有很大的定向性。

三、成土母质

母质是形成土壤的物质基础，母质的机械组成和化学成分对土壤的发育、性状和肥力有着巨大的影响。翁牛特旗的土壤的成土母质，根据岩性和成因可划分为中基性盐母质、黄土母质、冲积母质、风积沙母质。不同成土母质的耕地地力差异较大。冲积母质上发育的耕地一、二、三级地面积较大。黄土母质上发育的耕地二、三、四级地面积较大。中基性盐母质上除有少量的五级地外，均匀分布着一、二、三、四级地，风积沙母质上发育的耕地以五级地为主（占1/3）。

不同成土母质耕地地力等级面积见表3-2。

表3-2 不同成土母质耕地地力等级面积

地力等级	项目	中基性盐母质	黄土母质	冲积母质	风积沙母质
一级地	面积（hm²）	506.9	10 340.8	8 695.1	826.5
	占一级地比例（%）	2.5	50.8	42.7	4.1
二级地	面积（hm²）	516.8	25 717.8	9 193.6	2 417.2
	占二级地比例（%）	1.4	68.0	24.3	6.4
三级地	面积（hm²）	548.5	25 637.3	19 751.7	2 899.1
	占三级地比例（%）	1.1	52.5	40.4	5.9
四级地	面积（hm²）	597.6	31 904.1	2 674.3	2 299.7
	占四级地比例（%）	1.6	85.1	7.1	6.1
五级地	面积（hm²）	375.5	11 599.6	1 995.6	3 639.8
	占五级地比例（%）	2.11	65.9	11.3	20.7
合计	面积（hm²）	2 545.3	105 199.6	42 310.3	12 082.3
	占总耕地比例（%）	1.6	64.9	26.1	7.5

（一）中基性盐母质

以坡积、残积物为主。坡积、残积物主要是残留在原地的未经搬运的基岩风化物及重力和坡面片状流水作用下在斜坡上的堆积物，其机械组成多为角砾碎石及细颗粒等，分选性和磨圆度极差，碎屑物具有棱角，排列不规则，无层理或层理不清晰。主要分布在西部的中山台地及熔岩台地边坡（图3-5）。

翁牛特旗中基性盐母质耕地总面积2 545.3hm²，占耕地总面积的1.6%。一级地506.9hm²，占该母质耕地面积的19.9%，占全旗一级地面积的2.5%；二级地516.8hm²，占该母质耕地面积的20.3%，占全旗二级地面积的1.4%；三级地548.5hm²，占该母质耕地面积的21.5%，占全旗三级地面积的1.1%；四级地597.6hm²，占该母质耕地面积的23.5%，占全旗四级地面积的1.6%；五级地375.5hm²，占该母质耕地面积的4.76%，占全旗五级地面积的2.11%。

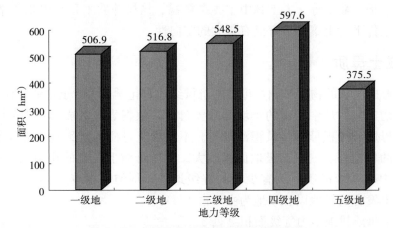

图 3-5　中基性盐母质耕地地力等级面积

（二）黄土母质

黄土母质的形成主要是在风力的搬运、堆积作用下完成的。黄土的颜色以黄色为主，局部地区呈灰黄色或浅棕色。多为块状，无层理，孔隙较大，质地均一，多为轻壤，垂直柱状节理发达，一般在距地表 25cm 左右处出现假菌丝状、粉末状或结核状碳酸钙淀积。主要分布在中西部低山丘陵区及熔岩台地顶部（图 3-6）。

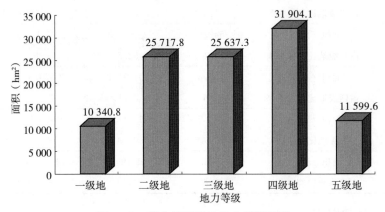

图 3-6　黄土母质耕地地力等级面积

翁牛特旗黄土母质耕地总面积 105 199.6hm²，占耕地总面积的 64.9%。一级地 10 340.8hm²，占该母质耕地面积的 9.8%，占全旗一级地面积的 50.8%。二级地 25 717.8hm²，占该母质耕地面积的 24.4%，占全旗二级地面积的 68.0%。三级地 25 637.3hm²，占该母质耕地面积的 24.37%，占全旗三级地面积的 52.5%。四级地 31 904.1hm²，占该母质耕地面积的 30.3%，占全旗四级地面积的 85.1%。五级地 11 599.6hm²，占该母质耕地面积的 11.0%，占全旗五级地面积的 65.9%。

黄土母质是翁牛特旗耕地土壤分布范围最广、面积最大的主体成土母质。多分布于翁牛特旗中西部地区。由于在形成过程中该母质积累有机物较少，质地轻且疏松多孔，通透性好，土壤颗粒以粗沙为主，因此土壤保水保肥性较差、土壤肥力不高、易受侵蚀，生产能力较低，一般在 100~300kg。黄土母质是翁牛特旗中低产田集中的母质类型，是翁牛特旗今后重点进行改良的母质类型，具有极大的种植业发展潜力。

（三）冲积母质

冲积物主要是由长期性的沿河谷搬运堆积或河流泛滥冲积而成，主要分河床相和河漫滩相两种，前者多为河卵石，后者以轻壤或沙壤为主，近河床处较粗，远河床处较细，共同特征：每一层或黏或沙，质地均一，沙砾磨圆度高。翁牛特旗主要分布在河流阶地，河漫滩及老哈河、西拉木伦河中下游的冲积平原。发育的主要土类有草甸土、沼泽土、栗钙土。耕地质量相对较高，单位面积产量一般在 300kg 以上，翁牛特旗蔬菜田、水田全部分布在该母质土壤类型上，玉米种植面积的 80% 也为这类成土母质类型（图 3-7）。

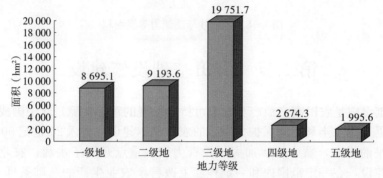

图 3-7　冲积母质耕地地力等级面积

翁牛特旗冲积母质耕地总面积 42 310.3hm²，占耕地总面积的 26.1%。一级地 8 695.1hm²，占该母质耕地面积的 20.6%，占全旗一级地面积的 42.7%。二级地 9 193.6hm²，占该母质耕地面积的 21.7%，占全旗二级地面积的 24.3%。三级地 19 751.7hm²，占该母质耕地面积的 46.7%，占全旗三级地面积的 40.4%。四级地 2 674.3hm²，占该母质耕地面积的 6.3%，占全旗四级地面积的 7.1%。五级地 1 995.6hm²，占该母质耕地面积的 4.7%，占全旗五级地面积的 11.3%。

（四）风积沙母质

风积沙由风力搬运堆积而成，其特点是松散、无结构，分选性好，层理不清，主要是由粗沙或细沙组成。沙粒分布地表层偏细、下层偏粗，粒径多在 0.25~0.50mm，具有明显的流动性，堆积层理不平，可见其覆盖于植被层，富含碳酸钙。其上发育的土壤类型为风沙土，主要分布在东部沙丘地带。该母质发育时间短，所以土粒粗大、土壤动植物残体少、有机质含量低、保水保肥能力极差，但吸热性能良好（图 3-8）。

翁牛特旗风积沙母质耕地总面积 12 082.3hm²，占耕地总面积的 7.5%。一级地 826.5hm²，占该母质耕地面积的 6.8%，占全旗一级地面积的 4.1%；二级地 2 417.2hm²，占该母质耕地面积的 20.0%，占全旗二级地面积的 6.4%；三级地 2 899.1hm²，占该母质耕地面积的 24.0%，占全旗三级地面积的 5.9%；四级地 2 299.7hm²，占该母质耕地面积的 19.0%，占全旗四级地面积的 6.1%；五级地 3 639.8hm²，占该母质耕地面积的 30.1%，占全旗五级地面积的 20.7%。

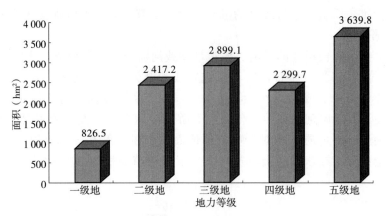

图 3-8　风积沙母质地力等级面积

第二节　农田基础设施建设

农田基础设施是农田高产稳产和农业可持续发展的重要保障，新中国成立以来，翁牛特旗就开展了以水土利用和保护为中心的农田基本建设，进入 20 世纪 90 年代，随着农业生产水平的提高，翁牛特旗加大了投资力度，重点开展了水利、农业、林业、机械等方面的建设，在一定范围内和一定程度上改善了农业生产的基础条件，提高了耕地的生产能力。

一、土地整治与梯田化

20 世纪的 60—70 年代，在"大力兴修水利、修山造田"的号召下，翁牛特旗开挖地下、地表水源，修造水平梯田的热情高涨，各地在"一平二调"的政策指导下，大规模地平整土地，修造梯田的群众千人、万人"大会战"，对耕地的建设发挥了一定的作用，到目前为止，有 80% 的水浇地经过了平整，平整后的耕地质量大大提高，修造梯田面积 6 266.7hm²，使原来只能种小杂粮的五级地提高了一个地力等级，能够种植玉米等高产作物。

二、农田水利设施

翁牛特旗现有大型引水工程 15 处、控制面积 8 113.3hm²，中小型引水工程 118 处、控制面积 10 953.3hm²。配套完好机电井 4 099 眼，控制面积 34 513.3hm²。衬砌渠道 1 666km，控制面积 7 333.3hm²。大型喷灌机组 32 台（套），小型喷管机组 327 台（套），控制面积 1 786.7hm²，节水灌溉面积 30 500hm²。充分满足灌溉面积 67 000hm²，基本满足灌溉面积 11 666.7hm²。这些水利设施对耕地地力的提高发挥了巨大的作用。如大型喷灌在风沙土地区的应用，使原来的不毛之地成为产量为 4 500kg/hm² 以上的二级地。

三、林网建设

翁牛特旗现有农田防护林 5 866.7hm²。通过最近十几年的农业综合开发，商品粮基地建设，旱作农业建设、标准粮田建设等项目的实施对保护耕地、减少风沙危害起到了巨大的作用。

四、农业机械

改革开放以来，随着农村经济的发展，农业机械化水平也逐步提高。2009年全旗农业机械总动力572 264kW，拖拉机共13 653台（总动力310 157kW），其中大中型的9 453台（259 122kW）、小型的4 200台（51 035kW）。机械翻地面积约1.62万 hm^2，占耕地总面积的100%，机械播种面积100 005 hm^2，占耕地总面积的61.73%，机械插秧面积3 466.7 hm^2，占水稻插秧面积的25%；各种作物机械收割面积16 667.5 hm^2，占耕地总面积的10.29%。机械化的推广使劳动的生产效率极大提高，促进了耕地地力的提高。

五、生态环境

（一）水土保持

翁牛特旗从1980年以来开展了以小流域综合治理为主的水土保持工程，先后在梧桐花镇国公府村、桥头镇马架子村、广德公镇一百家子川等182条小流域进行了水土流失综合治理，同时在全旗范围内开展了以治理水土流失为目标的群众"会战"。截至目前，全旗已挖水平坑39 042万个、治理侵蚀沟528条、植水保林234 252 hm^2、保土耕作66 153 hm^2、封育3 612 hm^2，全旗群众治理水土流失已投工1 938.6万个，完成土方7 264.74万 m^3、石方425.2万 m^3，通过水土流失综合防治，每年保水480.8 m^3、保土132.3万 m^3。

（二）退耕还林

全旗的森林覆盖度高，但耕地四周森林覆盖度低，主要原因是20世纪80年代一些地区开荒到顶的现象十分严重，森林和草原遭到破坏，农民为了烧柴私自砍伐树木，使耕地四周的林地面积不断缩小，进入20世纪90年代，翁牛特旗将>25°坡的耕地全部退耕还林还草，在一定程度上抑制和减缓了水土流失，尤其是2001年后国家实行耕地有偿退耕还林政策，农民退耕还林积极性大大提高，特别是西部山区的农民积极响应号召，退耕还林面积迅速扩大，退耕还林面积已达到23 000 hm^2。

上述水利设施建设、农田基本设施建设以及水土保持和退耕还林工作，在一定范围内和一定程度上遏制了农业生态环境的进一步恶化，对保护和提高耕地地力起到了应有的作用。

第四章

耕地土壤属性

第一节　耕地土壤类型及分布

一、耕地土壤类型

根据全国第二次土壤普查分类系统，翁牛特旗土壤分类系统采用土类、亚类、土属、土种四级分类标准，将耕地土壤划分为灰色森林土、黑钙土、棕壤、栗钙土、草甸土、沼泽土、风沙土7个土类、21个亚类、42个土属、172个土种。

据统计，全旗的耕地在7个土类中均有分布，具体分布在15个亚类、23个土属和90个土种。其中，耕地面积最大的土类是栗钙土，以下依次是草甸土、黑钙土、风沙土、棕壤、灰色森林土、沼泽土，各土类的耕地面积及所占比例见表4-1。

表4-1　不同土壤类型的耕地面积

项目	草甸土	风沙土	黑钙土	灰色森林土	栗钙土	沼泽土	棕壤	合计
面积（hm²）	17 062.1	2 041.1	8 652.5	486.1	133 077.0	139.4	679.2	162 137.4
占比（%）	10.52	1.26	5.34	0.30	82.07	0.09	0.42	100.00

二、耕地土壤类型分布

（一）灰色森林土

灰色森林土主要分布于西部海拔 1 400～2 000m 的低山山地阴坡，与淋溶黑钙土成复区，其下为棕壤，面积 486.1hm²，占耕地总面积的 0.30%。生物气候属温凉半湿润森林草原向草甸草原的过渡类型，年平均气温 0～4℃，≥10℃积温 2 000～2 500℃，年平均降水量 400～500mm。湿润度为 0.7～0.8，冻土深度 1.6～1.8m。原始森林植被大部分被破坏，残留零星的杨桦林，植被类型以灌木和草原为主。灌木有黄柳、虎榛子、绣线菊等。草本植物有薹草、地榆、唐松草、野芍药等。覆盖度80%以上。

在上述气候条件下，灰色森林土具有强烈的腐殖质积累过程和较弱的盐基淋溶及黏化过程，即灰色森林土的成土过程兼有森林土壤和草原土壤的特点。由于雨热同期，这一地区有利于植物生长，腐殖质积累较强，表层有机质平均含量为 44.8g/kg，下层逐渐减小。

由于灰色森林土的腐殖质积累在以阔叶林为主的枯枝落叶上进行，所以，腐殖质中胡敏酸的含量较高，它的作用在于将铁、锰溶解并向底层淋溶，在底土层形成铁锰胶膜，同时使 SiO_2 粉末在心土层显露。在其盐基淋溶过程中，也伴随较弱的黏化作用。

灰色森林土的一般特征是地表为枯枝落叶层，厚度为 2～5cm，由于植被的破坏，翁牛特旗灰色森林土多数不含有这一层次，枯枝落叶层下为腐殖质层，一般厚度为 20～50cm，腐殖质层以下为无定形硅粉淀积层，在半风化母质层常常有铁、锰集聚。灰色森林土表层 CEC 较高，一般为 14～24cmol/kg。

全剖面呈中性或酸性反应，pH 为 6.3～7.3。该类型耕地土壤养分含量较高，但侵蚀较重。多位于高寒冷凉地区，土壤养分分解速度较慢，有效积温低，地力等级高但生产力较低。适合种植马铃薯、麦类及油菜、药材。一般马铃薯单产在 18 750kg/hm²、麦类及油菜等作物单产在 1 500kg/hm²。

翁牛特旗的灰色森林土共分为灰色森林土和生草灰色森林土 2 个亚类。耕地主要分布在生草灰色森林土亚类，该亚类又分为山地黑灰土和山地黄灰土 2 个土属。

1. 山地黑灰土

耕地面积 392.8hm²，占总耕地面积的 0.24%。占生草灰色森林土的 9.27%。成土母质为玄武岩、坡积物。按土体厚度划分为 2 个土种。

（1）薄层山地黑灰土。耕地面积 246.1hm²，占总耕地面积的 0.15%。该土种的 pH 为 8.13，主要的养分含量：有机质 19.47g/kg，全氮 1.154g/kg，有效磷 7.906mg/kg，速效钾 92.7mg/kg，有效硼 0.467mg/kg，有效钼 0.049mg/kg，有效锌 0.408mg/kg，有效铜 1.210mg/kg，有效铁 12.61mg/kg，有效锰 18.92mg/kg，缓效钾 544.5mg/kg，有效硫 25.63mg/kg。

（2）中层山地黑灰土。耕地面积 146.7hm²，占总耕地面积的 0.09%。该土种的 pH 为 7.59，主要的养分含量：有机质 26.77g/kg，全氮 1.454g/kg，有效磷 9.696mg/kg，速效钾 106.0mg/kg，有效硼 0.574mg/kg，有效钼 0.055mg/kg，有效锌 0.637mg/kg，有效铜 0.842mg/kg，有效铁 25.18mg/kg，有效锰 20.08mg/kg，缓效钾 523.9mg/kg，有效硫 41.20mg/kg。

2. 山地黄灰土

耕地面积 93.3hm²，占总耕地面积的 0.06%。占生草灰色森林土的 2.08%。成土母质为黄土。按侵蚀程度划分为 1 个土种——中度侵蚀黄灰土。

该土种的 pH 为 8.26，主要的养分含量：有机质 16.77g/kg，全氮 1.095g/kg，有效磷 7.699mg/kg，速效钾 85.0mg/kg，有效硼 0.445mg/kg，有效钼 0.048mg/kg，有效锌 0.400mg/kg，有效铜 1.502mg/kg，有效铁 11.68mg/kg，有效锰 17.71mg/kg，缓效钾 546.0mg/kg，有效硫 21.12mg/kg。

（二）棕壤

翁牛特旗棕壤主要分布在西部海拔 1 000～1 400m 的台地边坡上，在海拔 800～1 000m 的石质山区零星分布，面积 679.2hm²，占总耕地面积的 0.42%。

翁牛特旗棕壤地处半湿润区向半干旱区过渡地带，年平均气温 2～5℃，≥10℃积温 2 400～2 800℃。年降水量 400mm 左右，湿润度 0.4～0.8，无霜期 110～130d。最大冻土深度 1.2～1.4m。棕壤所处地带，原有的森林植被被破坏殆尽，现存的多为零星分布的杨桦林等次生阔叶林，植被类型以虎榛子、山杏、绣线菊等灌木及薹草、地榆、委陵草、万年蒿等草本植物为主。植物生长较好，覆盖度70％～80％。

由于翁牛特旗棕壤区历年雨季同植物生长期一致，植被生长较好，凋落物较多，使表土积累了大量的腐殖质，表现出了较强的生物积累过程。棕壤淋溶过程主要表现在两点：一是渗水的机械淋溶，即由渗水将黏粒带到下层。二是枯枝落叶分解产生的有机酸和矿物质发生反应，随雨水被淋洗到下层。在多数剖面中，易溶性盐和碳酸钙不复存在。其主要表现是土壤上层的黏粒与活性铁铝由于淋溶作用而向下层集聚。与此同时，在温暖多湿的季节，土壤中生物和化学作用比较强烈。矿物质易被分解，结果是棕壤多在心土部位形成棕色或淡棕色黏化层，从而成为其独有特征。

棕壤在自然状态下的剖面构型为A-Bt（棕色淀积层）-C（母质层）型。只有小面积的典型棕壤为Ao-A-Bt-C型。一般A层厚度为21～32cm，有机质平均含量为3.6％，向下急剧降低。表层质地多为轻壤质，暗黑棕色或暗棕色，CEC一般为12～18cmol/kg。A层以下为棕壤的代表层次棕色淀积层（Bt），厚度一般为12～43cm，质地多为中壤质，较表层黏重一级。结构面覆被铁锰胶膜，呈棕色或深棕色。Bt层下为母质层，在Bt层和C层之间有的还有SiO_2粉末出现。剖面中，pH自表层向下逐渐降低。一般在6.0～6.5。棕壤耕地养分含量相对较高，但地貌类型与灰色森林土一样，生产能力较低。其上靠近灰色森林土适宜种植作物与灰色森林土相同，草甸棕壤适合种植向日葵、谷子等，生产能力稍高于灰色森林土。

棕壤共分为粗骨棕壤、典型棕壤、生草棕壤、钙积棕壤、草甸棕壤5个亚类。耕地主要分布生草棕壤、钙积棕壤、草甸棕壤3个亚类。

1. 生草棕壤

耕地面积445.8hm²，占总耕地面积的0.27％。占棕壤的65.64％。成土母质为玄武岩，花岗岩，泥浆岩类坡积、残积物及黄土。按母质类型划分为4个土属，其中耕地面积主要分布在暗黄棕土和黄棕土2个土属。

（1）暗黄棕土。耕地面积405.8hm²，占总耕地面积的0.25％。占生草棕壤的91.03％，有耕地分布的只1个土种——中体少砾质暗黄黑棕土，该土种的pH为7.25。其主要的养分含量：有机质32.25g/kg，全氮1.820g/kg，有效磷15.450mg/kg，速效钾152.0mg/kg，有效硼0.780mg/kg，有效钼0.040mg/kg，有效锌1.040mg/kg，有效铜0.760mg/kg，有效铁30.45mg/kg，有效锰26.20mg/kg，缓效钾508.0mg/kg，有效硫57.00mg/kg。

（2）黄棕土。耕地面积40.0hm²，占总耕地面积的0.02％。占生草棕壤的8.97％，有耕地分布的只1个土种——轻度侵蚀黄棕土，该土种的pH为7.83。主要的养分含量：有机质19.68g/kg，全氮1.030g/kg，有效磷3.730mg/kg，速效钾107.0mg/kg，有效硼0.390mg/kg，有效钼0.020mg/kg，有效锌0.440mg/kg，有效铜0.730mg/kg，有效铁21.45mg/kg，有效锰16.45mg/kg，缓效钾723.0mg/kg，有效硫10.90mg/kg。

2. 钙积棕壤

耕地面积46.7hm²，占总耕地面积的0.029％。占棕壤的6.88％。本亚类只划分了1个土属——钙积黄棕土，按侵蚀程度划分为2个土种。有耕地分布的仅1个土种——中度侵蚀钙黄棕土。该土种的pH为8.30。主要的养分含量：有机质16.05g/kg，全氮

0.920g/kg，有效磷 5.900mg/kg，速效钾 108.0mg/kg，有效硼 0.220mg/kg，有效钼 0.040mg/kg，有效锌 0.350mg/kg，有效铜 0.480mg/kg，有效铁 9.55mg/kg，有效锰 16.75mg/kg，缓效钾 582.0mg/kg，有效硫 15.80mg/kg。

3. 草甸棕壤

耕地面积 186.7hm²，占总耕地面积的 0.12%。占棕壤的 27.49%。本亚类只划分了 1 个土属——棕淤土。按其质地层次构型划分为 2 个土种：轻壤质沙底棕淤土和轻壤质棕淤土。仅轻壤质棕淤土上有耕地分布。该土种的 pH 为 8.37。主要的养分含量：有机质 14.67g/kg，全氮 0.960g/kg，有效磷 11.250mg/kg，速效钾 112.0mg/kg，有效硼 0.430mg/kg，有效钼 0.003mg/kg，有效锌 0.700mg/kg，有效铜 0.740mg/kg，有效铁 10.58mg/kg，有效锰 17.96mg/kg，缓效钾 530.0mg/kg，有效硫 24.04mg/kg。

（三）黑钙土

黑钙土分布于翁牛特旗西部海拔 1 200m 以上的玄武岩台地顶部及浑台形低山山体上部，坡度<10°。面积 8 652.5hm²，占总耕地面积的 5.34%。属于温凉半湿润区。主要特点是夏季温和多雨，冬季寒冷漫长，年平均气温 0～4℃，1 月气温－14～－18℃，土层冻结日期 5 个月左右，土壤最大冻结深度 1.8m，7 月气温 18～22℃，≥10℃积温 2 000～2 600℃，无霜期 90～110d，年降水量 400～500mm，70% 以上分布于 6—8 月，湿润度 0.6～0.8。

该土类有机质、全氮、有效磷等土壤养分含量较高，但大多分布于高寒漫甸，受气候因素影响，只能种植生育期较短的麦类、向日葵、马铃薯、谷子等。

在上述自然气候条件的影响下，黑钙土成土过程的主要特点是有明显的腐殖质积累和钙积化过程。

在这一区域，由于夏季热量和水分条件良好，植被生长迅速，土壤中积累了大量的植物残体。又逢冬季严寒少雪，土壤冻结时间长，冻土层深，有利于养分和水分的贮存，使有机质的分解速度减缓，而积累量相对增加，形成了比较深厚的腐殖质层，并呈舌状向下延伸。

黑钙土的钙积化过程大致是在夏季多雨期，土壤中的碳酸盐随雨水下渗，到达一定部位时，由于土粒吸收和水分蒸发等作用，碳酸钙淀积下来。在冬季寒冷少雪期，土壤中的水分又以水汽的形式自下层向上层移动，又使碳酸盐得以浓缩，多以假菌丝状在剖面中显露出来，黑钙土的碳酸钙淀积部位较栗钙土深，多出现在底土层。但在不同的亚类中，碳酸钙淀积深度有一定差异。除此之外，黑钙土心土层黏粒较表土和底土层有所增加，有的常与钙积层一致，表明黑钙土在钙积化过程中伴随着弱黏化作用。

上述成土作用使黑钙土的剖面形态自上而下依次为腐殖质层（A）、舌状过渡层（AB）、钙积层（B_{Ca}）、母质层（C）。A 层的厚度一般为 23～38cm，有机质含量 4.00% 左右，CEC 10～25cmol/kg，pH 自上而下逐渐增大。

根据黑钙土的发生条件、成土过程和剖面形态特征，将其划分为淋溶黑钙土、典型黑钙土、碳酸盐黑钙土 3 个亚类，其中碳酸钙的反应深度和沉淀范围是主要的划分依据。耕地在 3 个亚类中均有分布。

1. 淋溶黑钙土

耕地面积 4 760.2hm²，占总耕地面积的 2.94％，占黑钙土面积的 55.02％。按母质类型划分为 2 个土属：山地暗黑土和山地暗黄黑土。

（1）山地暗黑土。耕地面积 213.3hm²，占总耕地面积的 0.13％。有耕地分布的土属只 1 个土种——中层山地暗黑土，该土种的 pH 为 6.45。养分含量：有机质 41.05g/kg，全氮 1.600g/kg，有效磷 12.850mg/kg，速效钾 156.0mg/kg，有效硼 0.680mg/kg，有效钼 0.020mg/kg，有效锌 0.970mg/kg，有效铜 0.770mg/kg，有效铁 62.35mg/kg，有效锰 24.65mg/kg，缓效钾 535.0mg/kg，有效硫 42.80mg/kg。

（2）山地暗黄黑土。耕地面积 4 546.9hm²，占总耕地面积的 2.80％。占淋溶黑钙土的 95.52％，该土属中的薄层无侵蚀暗黄黑土、中层无侵蚀暗黄黑土和轻度侵蚀暗黄黑土有耕地分布。

①薄层无侵蚀暗黄黑土。耕地面积 566.7hm²，占总耕地面积的 0.35％。该土种的 pH 为 6.72。养分含量：有机质 40.95g/kg，全氮 2.130g/kg，有效磷 11.280mg/kg，速效钾 134.0mg/kg，有效硼 0.630mg/kg，有效钼 0.007mg/kg，有效锌 0.580mg/kg，有效铜 0.730mg/kg，有效铁 51.49mg/kg，有效锰 24.42mg/kg，缓效钾 562.0mg/kg，有效硫 50.68mg/kg。

②中层无侵蚀暗黄黑土。耕地面积 233.3hm²，占总耕地面积的 0.14％。该土种的 pH 为 6.75。养分含量：有机质 40.30g/kg，全氮 2.160g/kg，有效磷 14.620mg/kg，速效钾 180.0mg/kg，有效硼 0.780mg/kg，有效钼 0.020mg/kg，有效锌 0.970mg/kg，有效铜 0.770mg/kg，有效铁 62.35mg/kg，有效锰 24.65mg/kg，缓效钾 535.0mg/kg，有效硫 42.80mg/kg。

③轻度侵蚀暗黄黑土。耕地面积 3 746.9hm²，占总耕地面积的 2.31％。该土种的 pH 为 6.40。养分含量：有机质 40.70g/kg，全氮 2.120g/kg，有效磷 7.000mg/kg，速效钾 115.0mg/kg，有效硼 0.620mg/kg，有效锌 0.440mg/kg，有效铜 0.380mg/kg，有效铁 48.75mg/kg，有效锰 16.90mg/kg，缓效钾 566.0mg/kg，有效硫 61.35mg/kg。

2. 典型黑钙土

耕地面积 2 033.4hm²。占总耕地面积的 1.26％。本亚类有耕地分布的土属仅有 1 个——黄黑土，按侵蚀程度划分为薄层无侵蚀黄黑土、中层无侵蚀黄黑土和轻度侵蚀黄黑土 3 个土种。

（1）薄层无侵蚀黄黑土。该土种耕地面积为 1 106.7hm²，占总耕地面积的 0.68％。pH 为 8.04。养分含量：有机质 22.56g/kg，全氮 1.290g/kg，有效磷 7.310mg/kg，速效钾 85.0mg/kg，有效硼 0.410mg/kg，有效钼 0.007mg/kg，有效锌 0.470mg/kg，有效铜 1.020mg/kg，有效铁 17.03mg/kg，有效锰 19.52mg/kg，缓效钾 526.0mg/kg，有效硫 24.94mg/kg。

（2）中层无侵蚀黄黑土。该土种的耕地面积 253.3hm²，占总耕地面积的 0.16％。pH 为 8.36。养分含量：有机质 14.37g/kg，全氮 0.980g/kg，有效磷 5.900mg/kg，速效钾 81.0mg/kg，有效硼 0.280mg/kg，有效钼 0.003mg/kg，有效锌 0.420mg/kg，有效铜 1.110mg/kg，有效铁 8.29mg/kg，有效锰 15.52mg/kg，缓效钾 544.0mg/kg，有效硫

15.68mg/kg。

（3）轻度侵蚀黄黑土。耕地面积 673.4hm²，占总耕地面积的 0.42％。占黑钙土的 7.78％。本亚类只划分了 1 个土属——棕淤土。按其质地层次构型划分为 2 个土种：轻壤质沙底棕淤土和轻壤质棕淤土。仅轻壤质棕淤土有耕地分布。该土种的 pH 为 8.37。养分含量：有机质 14.67g/kg，全氮 0.960g/kg，有效磷 11.250mg/kg，速效钾 112.0mg/kg，有效硼 0.430mg/kg，有效钼 0.003mg/kg，有效锌 0.700mg/kg，有效铜 0.740mg/kg，有效铁 10.58mg/kg，有效锰 17.96mg/kg，缓效钾 530.0mg/kg，有效硫 24.04mg/kg。

3. 碳酸盐黑钙土

耕地面积 1 858.9hm²，占总耕地面积的 1.15％。占黑钙土的 21.48％，该土属中的薄层无侵蚀碳酸盐黄黑钙土、轻度侵蚀碳酸盐黄黑钙土 2 个土种均有耕地分布。

（1）薄层无侵蚀碳酸盐黄黑钙土。耕地面积 1 825.6hm²，占总耕地面积的 1.13％。该土种的 pH 为 8.16。养分含量：有机质 20.12g/kg，全氮 1.160g/kg，有效磷 8.250mg/kg，速效钾 91.0mg/kg，有效硼 0.310mg/kg，有效钼 0.009mg/kg，有效锌 0.410mg/kg，有效铜 1.110mg/kg，有效铁 12.69mg/kg，有效锰 18.05mg/kg，缓效钾 570.0mg/kg，有效硫 22.04mg/kg。

（2）轻度侵蚀碳酸盐黄黑钙土。耕地面积 33.3hm²，占总耕地面积的 0.021％。该土种的 pH 为 8.16。养分含量：有机质 20.12g/kg，全氮 1.160g/kg，有效磷 8.250mg/kg，速效钾 91.0mg/kg，有效硼 0.310mg/kg，有效钼 0.009mg/kg，有效锌 0.410mg/kg，有效铜 1.110mg/kg，有效铁 12.69mg/kg，有效锰 18.05mg/kg，缓效钾 570.0mg/kg，有效硫 22.04mg/kg。

（四）栗钙土

栗钙土广泛分布于翁牛特旗海拔 600～1 200m 的丘陵区，在土壤垂直带谱中处于黑钙土、棕壤之下。面积 133 077hm²，占总耕地面积的 82.08％，成土母质为各种岩性的基岩风化物、黄土、沙黄土及冲积物。

栗钙土处于温暖半干旱区，年平均气温 4～6℃，≥10℃积温 2 600～3 100℃，无霜期 120～140d。年降水量 300～400mm，受东南季风的影响，71.5％的降水分布在 6—8 月，冬春两季降水明显减少，降水量不足 15％，年湿润度仅为 0.4。

植被类型为干草原植被，主要是旱生禾本科杂草，主要建群种类有羊草、大针茅、贝加尔针茅、碱草、赖草、冰草、寸草、冷蒿、达乌里胡枝子、百里香、狼毒等，伴有少量的山杏等灌木，草层高度为 10～30cm，覆盖度为 30％～40％。

栗钙土区为翁牛特旗主要的农作物生产区，种植有谷子、玉米、高粱、小麦、莜麦、豆类、薯类等，并且分布着较大面积的人工林。由于土壤发育较好，地貌类型、气候条件、水利条件比较适宜，所以生产能力较高，一般一等地种植玉米单产为 4 500kg/hm² 以上。

栗钙土在上述成土条件下的形成过程和黑钙土相似，都有腐殖质积累和钙积化两个主要过程，但与黑钙土相比，栗钙土腐殖质的积累过程逐渐削弱，钙积化过程明显增强。

在这一区域，由于气候干旱，植被的生长特点是地上部分发达，土壤中有机质的来源主要为植物根系和残体的分解，在积累总量上远不及黑钙土，又加上高温干燥，好气分解旺盛，致使腐殖质的积累过程较黑钙土弱。

在半干旱气候条件下，由于降水量小，土壤的矿质淋溶作用很弱，主要表现为季节淋溶特点。在雨季，降水首先将易溶盐类淋失，硅、铁、铝基本未移动，钙以重碳酸钙的形态向下淋洗，到达一定部位时便淀积下来，形成钙积层。栗钙土的碳酸钙淀积部位和含量均较黑钙土高，表现出较强的钙积化过程。分析结果表明，栗钙土还具有微弱的黏化现象，但黏粒的积累常与碳酸钙的淀积一致。

栗钙土的剖面由腐殖质层（A）、钙积层（B）和母质层（C）组成，即A-B-C型。但翁牛特旗栗钙土的钙积层厚，多数在150cm以下，因此剖面构型多为A-B型，而很少见到C层。剖面中，腐殖质层的颜色多为栗色或淡棕色，厚度20～50cm，有机质含量在1.0％～1.5％，钙积层的出现部位较高，多数紧接在A层之下。过渡整齐，很少有间隔，一般出现在18～30cm土层。碳酸钙的淀积形态多呈灰白色的假菌丝状或粉末状，碳酸钙的含量一般为6％～8％。栗钙土有机质与碳酸钙的含量沿剖面的分布状况是有机质自A层到B层显著增加，至C层逐渐减少。翁牛特旗的栗钙土按发生特点可划分为粗骨栗钙土、暗栗钙土、典型栗钙土、草甸栗钙土4个亚类。

翁牛特旗耕地主要分布在暗栗钙土、典型栗钙土草甸栗钙土3个亚类。

1. 暗栗钙土

耕地面积 17 187.5hm²，占总耕地面积的 10.6％。占栗钙土面积的 12.92％。该土类中只有无侵蚀暗栗黄土和暗栗黄土 2 个土属。

（1）无侵蚀暗栗黄土。耕地面积 8 993.8hm²，占总耕地面积的 5.55％。占暗栗钙土的 52.33％，该亚类中有耕地分布的为薄层无侵蚀暗栗黄土、中层无侵蚀暗栗黄土 2 个土种。

①薄层无侵蚀暗栗黄土。耕地面积 2 553.5hm²，占总耕地面积的 1.58％。该土种的 pH 为 8.44。养分含量：有机质 14.41g/kg，全氮 0.920g/kg，有效磷 8.180mg/kg，速效钾 108.0mg/kg，有效硼 0.240mg/kg，有效钼 0.006mg/kg，有效锌 0.410mg/kg，有效铜 0.770mg/kg，有效铁 6.25mg/kg，有效锰 11.75mg/kg，缓效钾 403.0mg/kg，有效硫 12.33mg/kg。

②中层无侵蚀暗栗黄土。耕地面积 6 440.3hm²，占总耕地面积的 3.97％。该土种的 pH 为 8.44。养分含量：有机质 13.49g/kg，全氮 0.920g/kg，有效磷 6.940mg/kg，速效钾 93.0mg/kg，有效硼 0.240mg/kg，有效钼 0.001 1mg/kg，有效锌 0.400mg/kg，有效铜 0.790mg/kg，有效铁 6.75mg/kg，有效锰 12.06mg/kg，缓效钾 424.0mg/kg，有效硫 14.10mg/kg。

（2）暗栗黄土。耕地面积 8 193.7hm²，占总耕地面积的 5.05％。占暗栗钙土的 47.67％，按侵蚀程度划分为轻度侵蚀暗栗黄土、中度侵蚀暗栗黄土、重度侵蚀暗栗黄土 3 个土种。

①轻度侵蚀暗栗黄土。耕地面积 6 907.0hm²，占总耕地面积的 4.26％。该土种的 pH 为 8.38。养分含量：有机质 13.16g/kg，全氮 0.870g/kg，有效磷 6.950mg/kg，速效钾 93.0mg/kg，有效硼 0.250mg/kg，有效钼 0.007mg/kg，有效锌 0.380mg/kg，有效铜

0.840mg/kg，有效铁 7.33mg/kg，有效锰 13.45mg/kg，缓效钾 460.0mg/kg，有效硫 12.74mg/kg。

②中度侵蚀暗栗黄土。耕地面积 1 186.7hm²，占总耕地面积的 0.73％。该土种的 pH 为 8.43。养分含量：有机质 13.00g/kg，全氮 0.870g/kg，有效磷 6.900mg/kg，速效钾 92.0mg/kg，有效硼 0.380mg/kg，有效锌 0.400mg/kg，有效铜 0.840mg/kg，有效铁 8.05mg/kg，有效锰 16.35mg/kg，缓效钾 506.0mg/kg，有效硫 13.83mg/kg。

③重度侵蚀暗栗黄土。耕地面积 100hm²，占总耕地面积的 0.062％。该土种的 pH 为 7.93。养分含量：有机质 15.47g/kg，全氮 0.950g/kg，有效磷 5.630mg/kg，速效钾 76.0mg/kg，有效硼 0.300mg/kg，有效钼 0.007mg/kg，有效锌 0.360mg/kg，有效铜 0.770mg/kg，有效铁 13.17mg/kg，有效锰 18.13mg/kg，缓效钾 526.0mg/kg，有效硫 18.60mg/kg。

2. 典型栗钙土

耕地面积 108 562.5hm²，占总耕地面积的 66.96％。占栗钙土面积的 81.58％。该亚类根据母质类型划分为 6 个土属。耕地主要分布在黄栗土、栗黄土、沙黄栗土、冲积栗淤土、冲积栗灌淤土 5 个土属。

（1）黄栗土。耕地面积 186.7hm²，占总耕地面积的 0.12％。占典型栗钙土的 0.17％。本土属只 1 个土种少砾质黄栗土上有耕地分布。该土种的 pH 为 8.57。养分含量：有机质 12.23g/kg，全氮 0.880g/kg，有效磷 10.600mg/kg，速效钾 63.0mg/kg，有效硼 0.220mg/kg，有效钼 0.007mg/kg，有效锌 0.550mg/kg，有效铜 0.650mg/kg，有效铁 5.83mg/kg，有效锰 12.13mg/kg，缓效钾 391.0mg/kg，有效硫 15.30mg/kg。

（2）栗黄土。耕地面积 77 107.6hm²，占总耕地面积的 47.56％。占典型栗钙土面积的 71.03％，该土属中的轻度侵蚀栗黄土、中度侵蚀栗黄土、重度侵蚀栗黄土、中层无侵蚀栗黄土 4 个土种有耕地分布。

①轻度侵蚀栗黄土。耕地面积 60 686.8hm²，占总耕地面积的 37.43％。该土种的 pH 为 8.45。养分含量：有机质 11.31g/kg，全氮 0.730g/kg，有效磷 7.200mg/kg，速效钾 99.0mg/kg，有效硼 0.230mg/kg，有效钼 0.005mg/kg，有效锌 0.560mg/kg，有效铜 0.600mg/kg，有效铁 4.78mg/kg，有效锰 10.53mg/kg，缓效钾 416.0mg/kg，有效硫 11.72mg/kg。

②中度侵蚀栗黄土。耕地面积 14 340.7hm²，占总耕地面积的 8.84％。该土种的 pH 为 8.37。养分含量：有机质 12.64g/kg，全氮 0.780g/kg，有效磷 7.680mg/kg，速效钾 108.0mg/kg，有效硼 0.270mg/kg，有效钼 0.005mg/kg，有效锌 0.610mg/kg，有效铜 0.600mg/kg，有效铁 6.10mg/kg，有效锰 12.68mg/kg，缓效钾 489.0mg/kg，有效硫 11.48mg/kg。

③重度侵蚀栗黄土。耕地面积 1 466.7hm²，占总耕地面积的 0.90％。该土种的 pH 为 8.25。养分含量：有机质 13.98g/kg，全氮 0.820g/kg，有效磷 6.470mg/kg，速效钾 106.0mg/kg，有效硼 0.350mg/kg，有效钼 0.004mg/kg，有效锌 0.690mg/kg，有效铜 0.650mg/kg，有效铁 8.15mg/kg，有效锰 15.68mg/kg，缓效钾 556.0mg/kg，有效硫 11.05mg/kg。

④中层无侵蚀栗黄土。耕地面积 613.4hm²，占总耕地面积的 0.38%。该土种的 pH 为 8.46。养分含量：有机质 11.02g/kg，全氮 0.790g/kg，有效磷 9.690mg/kg，速效钾 101.0mg/kg，有效硼 0.440mg/kg，有效钼 0.015mg/kg，有效锌 0.720mg/kg，有效铜 0.820mg/kg，有效铁 6.85mg/kg，有效锰 15.33mg/kg，缓效钾 538.0mg/kg，有效硫 13.82mg/kg。

（3）沙黄栗土。耕地面积 12 540.6hm²，占总耕地面积的 7.73%。占典型栗钙土面积的 11.55%，该土属又划分为轻度沙化沙黄栗土、中度沙化沙黄栗土、重度沙化沙黄栗土 3 个土种。

①轻度沙化沙黄栗土。耕地面积 5 320.3hm²，占总耕地面积的 3.28%。该土种的 pH 为 8.52。养分含量：有机质 9.69g/kg，全氮 0.610g/kg，有效磷 7.160mg/kg，速效钾 76.0mg/kg，有效硼 0.200mg/kg，有效钼 0.004mg/kg，有效锌 0.460mg/kg，有效铜 0.450mg/kg，有效铁 4.35mg/kg，有效锰 10.18mg/kg，缓效钾 388.0mg/kg，有效硫 10.75mg/kg。

②中度沙化沙黄栗土。耕地面积 5 987.0hm²，占总耕地面积的 3.70%。该土种的 pH 为 8.42。养分含量：有机质 10.15g/kg，全氮 0.660g/kg，有效磷 5.490mg/kg，速效钾 95.0mg/kg，有效硼 0.250mg/kg，有效钼 0.005mg/kg，有效锌 0.550mg/kg，有效铜 0.550mg/kg，有效铁 5.06mg/kg，有效锰 11.62mg/kg，缓效钾 510.0mg/kg，有效硫 6.20mg/kg。

③重度沙化沙黄栗土。耕地面积 1 233.3hm²，占总耕地面积的 0.76%。该土种的 pH 为 8.78。养分含量：有机质 7.95g/kg，全氮 0.460g/kg，有效磷 8.500mg/kg，速效钾 76.0mg/kg，有效硼 0.150mg/kg，有效钼 0.003mg/kg，有效锌 0.180mg/kg，有效铜 0.220mg/kg，有效铁 2.30mg/kg，有效锰 6.83mg/kg，缓效钾 281.0mg/kg，有效硫 11.45mg/kg。

（4）冲积栗淤土。耕地面积 16 980.8hm²，占总耕地面积的 10.47%，占典型栗钙土面积的 15.64%，该土属中 15 个土种有耕地分布，分别为轻壤质冲积栗淤土、轻壤质夹沙冲积栗淤土、轻壤质沙体冲积栗淤土、轻壤质沙底冲积栗淤土、轻壤质砾底冲积栗淤土、沙壤质冲积栗淤土、沙壤质砾底冲积栗淤土、沙壤质壤底冲积栗淤土、沙壤质壤体冲积栗淤土、沙质冲积栗淤土、沙质砾底冲积栗淤土、沙质壤底冲积栗淤土、轻度沙化冲积栗淤土、中度沙化冲积栗淤土、重度沙化冲积栗淤土。

①轻壤质冲积栗淤土。耕地面积 9 747.2hm²，占总耕地面积的 6.02%。该土种的 pH 为 8.48。养分含量：有机质 11.12g/kg，全氮 0.690g/kg，有效磷 8.350mg/kg，速效钾 112.0mg/kg，有效硼 0.290mg/kg，有效钼 0.010mg/kg，有效锌 0.950mg/kg，有效铜 0.640mg/kg，有效铁 5.93mg/kg，有效锰 11.50mg/kg，缓效钾 444.0mg/kg，有效硫 10.42mg/kg。

②轻壤质夹沙冲积栗淤土。耕地面积 40.0hm²，占总耕地面积的 0.025%。该土种的 pH 为 8.48。养分含量：有机质 10.48g/kg，全氮 0.810g/kg，有效磷 10.830mg/kg，速效钾 84.0mg/kg，有效硼 0.330mg/kg，有效钼 0.018mg/kg，有效锌 0.620mg/kg，有效铜 0.700mg/kg，有效铁 7.98mg/kg，有效锰 14.65mg/kg，缓效钾 483.0mg/kg，有效硫

18.10mg/kg。

③轻壤质沙体冲积栗淤土。耕地面积 400.0hm²，占总耕地面积的 0.25%。该土种的 pH 为 8.48。养分含量：有机质 10.00g/kg，全氮 0.590g/kg，有效磷 4.170mg/kg，速效钾 119.0mg/kg，有效硼 0.070mg/kg，有效锌 0.120mg/kg，有效铜 0.130mg/kg，有效铁 1.18mg/kg，有效锰 1.77mg/kg，缓效钾 99.0mg/kg，有效硫 2.40mg/kg。

④轻壤质沙底冲积栗淤土。耕地面积 20.0hm²，占总耕地面积的 0.012%。该土种的 pH 为 8.20。养分含量：有机质 11.20g/kg，全氮 1.360g/kg，有效磷 18.300mg/kg，速效钾 163.0mg/kg，有效硼 0.550mg/kg，有效锌 2.100mg/kg，有效铜 0.940mg/kg，有效铁 6.70mg/kg，有效锰 18.10mg/kg，缓效钾 612.0mg/kg，有效硫 12.60mg/kg。

⑤轻壤质砾底冲积栗淤土。耕地面积 640.0hm²，占总耕地面积的 0.40%。该土种的 pH 为 8.47。养分含量：有机质 12.23g/kg，全氮 0.700g/kg，有效磷 7.230mg/kg，速效钾 122.0mg/kg，有效硼 0.250mg/kg，有效锌 0.027mg/kg，有效铜 0.260mg/kg，有效铁 3.87mg/kg，有效锰 6.83mg/kg，缓效钾 200.0mg/kg，有效硫 13.43mg/kg。

⑥沙壤质冲积栗淤土。耕地面积 4 453.6hm²，占总耕地面积的 2.75%。该土种的 pH 为 8.44。养分含量：有机质 12.10g/kg，全氮 0.770g/kg，有效磷 9.210mg/kg，速效钾 109.0mg/kg，有效硼 0.340mg/kg，有效锌 0.036mg/kg，有效铜 0.710mg/kg，有效铁 6.87mg/kg，有效锰 13.70mg/kg，缓效钾 547.0mg/kg，有效硫 8.97mg/kg。

⑦沙壤质砾底冲积栗淤土。耕地面积 60.0hm²，占总耕地面积的 0.037%。该土种的 pH 为 8.47。养分含量：有机质 11.55g/kg，全氮 0.710g/kg，有效磷 8.950mg/kg，速效钾 95.0mg/kg，有效硼 0.330mg/kg，有效锌 2.900mg/kg，有效铜 1.750mg/kg，有效铁 8.02mg/kg，有效锰 14.77mg/kg，缓效钾 516.0mg/kg，有效硫 18.10mg/kg。

⑧沙壤质壤底冲积栗淤土。耕地面积 220.0hm²，占总耕地面积的 0.14%。该土种的 pH 为 8.53。养分含量：有机质 11.79g/kg，全氮 0.760g/kg，有效磷 6.940mg/kg，速效钾 114.0mg/kg，有效硼 0.250mg/kg，有效锌 0.480mg/kg，有效铜 0.520mg/kg，有效铁 4.06mg/kg，有效锰 9.33mg/kg，缓效钾 387.0mg/kg，有效硫 15.17mg/kg。

⑨沙壤质壤体冲积栗淤土。耕地面积 646.7hm²，占总耕地面积的 0.40%。该土种的 pH 为 8.43。养分含量：有机质 11.73g/kg，全氮 0.700g/kg，有效磷 9.990mg/kg，速效钾 104.0mg/kg，有效硼 0.350mg/kg，有效锌 1.860mg/kg，有效铜 0.940mg/kg，有效铁 8.35mg/kg，有效锰 14.01mg/kg，缓效钾 521.0mg/kg，有效硫 14.44mg/kg。

⑩沙质冲积栗淤土。耕地面积 20.0hm²，占总耕地面积的 0.012%。该土种的 pH 为 8.50。养分含量：有机质 9.48g/kg，全氮 0.600g/kg，有效磷 5.640mg/kg，速效钾 94.0mg/kg，有效硼 0.210mg/kg，有效钼 0.012mg/kg，有效锌 0.170mg/kg，有效铜 0.310mg/kg，有效铁 3.30mg/kg，有效锰 6.76mg/kg，缓效钾 268.0mg/kg，有效硫 10.66mg/kg。

⑪沙质砾底冲积栗淤土。耕地面积 200.0hm²，占总耕地面积的 0.12%。该土种的 pH 为 8.52。养分含量：有机质 9.57g/kg，全氮 0.610g/kg，有效磷 8.050mg/kg，速效钾 85.0mg/kg，有效硼 0.370mg/kg，有效锌 0.760mg/kg，有效铜 0.730mg/kg，有效铁 6.48mg/kg，有效锰 12.78mg/kg，缓效钾 509.0mg/kg，有效硫 15.92mg/kg。

⑫沙质壤底冲积栗淤土。耕地面积6.7hm²，占总耕地面积的0.004%。该土种的pH为8.55。养分含量：有机质8.80g/kg，全氮0.760g/kg，有效磷7.960mg/kg，速效钾96.0mg/kg，有效硼0.220mg/kg，有效钼0.090mg/kg，有效锌0.670mg/kg，有效铜0.590mg/kg，有效铁7.50mg/kg，有效锰11.15mg/kg，缓效钾476.0mg/kg，有效硫4.45mg/kg。

⑬轻度沙化冲积栗淤土。耕地面积140.0hm²，占总耕地面积的0.086%。该土种的pH为8.51。养分含量：有机质9.67g/kg，全氮0.610g/kg，有效磷7.710mg/kg，速效钾93.0mg/kg，有效硼0.040mg/kg，有效锌0.090mg/kg，有效铜0.170mg/kg，有效铁1.61mg/kg，有效锰1.22mg/kg，缓效钾74.0mg/kg，有效硫19.27mg/kg。

⑭中度沙化冲积栗淤土。耕地面积313.3hm²，占总耕地面积的0.19%。该土种的pH为8.59。养分含量：有机质8.61g/kg，全氮0.660g/kg，有效磷6.160mg/kg，速效钾90.0mg/kg，有效硼0.120mg/kg，有效钼0.015mg/kg，有效锌0.200mg/kg，有效铜0.370mg/kg，有效铁4.06mg/kg，有效锰6.66mg/kg，缓效钾221.0mg/kg，有效硫20.13mg/kg。

⑮重度沙化冲积栗淤土。耕地面积73.3hm²，占总耕地面积的0.045%。该土种的pH为8.50。养分含量：有机质7.80g/kg，全氮0.470g/kg，有效磷1.200mg/kg，速效钾60.0mg/kg。

（5）冲积栗灌淤土。耕地面积1 746.8hm²，占总耕地面积的1.08%。占典型栗钙土面积的1.61%。该土属6个土种有耕地分布，分别为轻壤质冲积栗灌淤土、轻壤质沙底冲积栗灌淤土、沙壤质冲积栗灌淤土、沙壤质壤底冲积栗灌淤土、沙壤质壤体冲积栗灌淤土、沙质冲积栗灌淤土。

①轻壤质冲积栗灌淤土。耕地面积386.8hm²，占总耕地面积的0.24%。该土种的pH为8.45。养分含量：有机质11.27g/kg，全氮0.700g/kg，有效磷6.700mg/kg，速效钾115.0mg/kg，有效硼0.340mg/kg，有效钼0.006mg/kg，有效锌0.640mg/kg，有效铜0.770mg/kg，有效铁6.66mg/kg，有效锰11.60mg/kg，缓效钾450.0mg/kg，有效硫11.53mg/kg。

②轻壤质沙底冲积栗灌淤土。耕地面积166.7hm²，占总耕地面积的0.1%。该土种的pH为8.46。养分含量：有机质12.55g/kg，全氮0.750g/kg，有效磷8.860mg/kg，速效钾126.0mg/kg，有效硼0.310mg/kg，有效钼0.006mg/kg，有效锌0.500mg/kg，有效铜0.650mg/kg，有效铁5.37mg/kg，有效锰10.33mg/kg，缓效钾359.0mg/kg，有效硫9.25mg/kg。

③沙壤质冲积栗灌淤土。耕地面积526.7hm²，占总耕地面积的0.33%。该土种的pH为8.41。养分含量：有机质12.70g/kg，全氮0.820g/kg，有效磷7.730mg/kg，速效钾123.0mg/kg，有效硼0.360mg/kg，有效钼0.008mg/kg，有效锌0.580mg/kg，有效铜0.950mg/kg，有效铁8.05mg/kg，有效锰13.97mg/kg，缓效钾520.0mg/kg，有效硫19.60mg/kg。

④沙壤质壤底冲积栗灌淤土。耕地面积273.3hm²，占总耕地面积的0.17%。该土种的pH为8.43。养分含量：有机质10.25g/kg，全氮0.580g/kg，有效磷5.930mg/kg，

速效钾 110.0mg/kg，有效硼 0.270mg/kg，有效钼 0.005mg/kg，有效锌 0.630mg/kg，有效铜 0.480mg/kg，有效铁 3.83mg/kg，有效锰 8.32mg/kg，缓效钾 375.0mg/kg，有效硫 8.70mg/kg。

⑤沙壤质壤体冲积栗灌淤土。耕地面积 380.0hm²，占总耕地面积的 0.23%。该土种的 pH 为 8.48。养分含量：有机质 11.37g/kg，全氮 0.710g/kg，有效磷 5.140mg/kg，速效钾 121.0mg/kg，有效硼 0.260mg/kg，有效钼 0.011mg/kg，有效锌 0.590mg/kg，有效铜 0.720mg/kg，有效铁 5.90mg/kg，有效锰 10.31mg/kg，缓效钾 414.0mg/kg，有效硫 10.45mg/kg。

⑥沙质冲积栗灌淤土。耕地面积 13.3hm²，占总耕地面积的 0.008%。该土种的 pH 为 8.55。养分含量：有机质 8.15g/kg，全氮 0.500g/kg，有效磷 7.500mg/kg，速效钾 103.0mg/kg，有效硼 0.400mg/kg，有效钼 0.045mg/kg，有效锌 0.690mg/kg，有效铜 0.760mg/kg，有效铁 7.70mg/kg，有效锰 14.10mg/kg，缓效钾 536.0mg/kg，有效硫 22.40mg/kg。

3. 草甸栗钙土

耕地面积 7 327.0hm²，占总耕地面积的 4.52%。占栗钙土面积的 5.51%。该亚类根据母质类型和改良利用方向划分为 3 个土属。耕地主要分布在栗淤土、栗灌淤土两个土属。

（1）栗淤土。耕地面积 4 506.9hm²，占总耕地面积的 2.78%，占草甸栗钙土面积的 61.51%。该土属 12 个土种有耕地分布，分别为轻壤质栗淤土、轻壤质沙底栗淤土、轻壤质砾体栗淤土、沙壤质夹砾栗淤土、沙壤质夹壤栗淤土、沙壤质栗淤土、沙壤质砾底栗淤土、沙壤质壤体栗淤土、沙质栗淤土、沙质砾底栗淤土、轻度沙化栗淤土、轻壤质夹沙栗淤土。

①轻壤质栗淤土。耕地面积 3 666.9hm²，占总耕地面积的 2.26%。该土种的 pH 为 8.48。养分含量：有机质 11.65g/kg，全氮 0.760g/kg，有效磷 9.060mg/kg，速效钾 98.0mg/kg，有效硼 0.440mg/kg，有效钼 0.008mg/kg，有效锌 1.780mg/kg，有效铜 0.940mg/kg，有效铁 6.26mg/kg，有效锰 13.10mg/kg，缓效钾 499.0mg/kg，有效硫 29.56mg/kg。

②轻壤质沙底栗淤土。耕地面积 106.7hm²，占总耕地面积的 0.066%。该土种的 pH 为 8.30。养分含量：有机质 14.70g/kg，全氮 0.940g/kg，有效磷 8.850mg/kg，速效钾 124.0mg/kg，有效硼 0.630mg/kg，有效钼 0.055mg/kg，有效锌 0.890mg/kg，有效铜 1.120mg/kg，有效铁 8.55mg/kg，有效锰 16.10mg/kg，缓效钾 797.0mg/kg，有效硫 18.35mg/kg。

③轻壤质砾体栗淤土。耕地面积 13.3hm²，占总耕地面积的 0.008%。该土种的 pH 为 8.35。养分含量：有机质 16.10g/kg，全氮 0.970g/kg，有效磷 10.600mg/kg，速效钾 169.0mg/kg，有效硼 0.320mg/kg，有效钼 0.035mg/kg，有效锌 0.650mg/kg，有效铜 0.630mg/kg，有效铁 8.75mg/kg，有效锰 24.40mg/kg，缓效钾 647.0mg/kg，有效硫 20.55mg/kg。

④沙壤质夹砾栗淤土。耕地面积 26.7hm²，占总耕地面积的 0.017%。该土种的 pH

为 8.70。养分含量：有机质 8.80g/kg，全氮 0.510g/kg，有效磷 5.200mg/kg，速效钾 82.0mg/kg，有效硼 0.130mg/kg，有效锌 0.290mg/kg，有效铜 0.610mg/kg，有效铁 6.20mg/kg，有效锰 10.30mg/kg，缓效钾 501.0mg/kg，有效硫 19.90mg/kg。

⑤沙壤质夹壤栗淤土。耕地面积 73.3hm²，占总耕地面积的 0.045%。该土种的 pH 为 8.35。养分含量：有机质 14.75g/kg，全氮 0.950g/kg，有效磷 20.380mg/kg，速效钾 117.0mg/kg，有效硼 0.630mg/kg，有效钼 0.025mg/kg，有效锌 1.770mg/kg，有效铜 1.140mg/kg，有效铁 9.88mg/kg，有效锰 17.58mg/kg，缓效钾 724.0mg/kg，有效硫 24.28mg/kg。

⑥沙壤质栗淤土。耕地面积 293.3hm²，占总耕地面积的 0.18%。该土种的 pH 为 8.38。养分含量：有机质 13.90g/kg，全氮 0.800g/kg，有效磷 9.570mg/kg，速效钾 88.0mg/kg，有效硼 0.430mg/kg，有效钼 0.030mg/kg，有效锌 0.750mg/kg，有效铜 0.750mg/kg，有效铁 8.90mg/kg，有效锰 17.46mg/kg，缓效钾 576.0mg/kg，有效硫 13.69mg/kg。

⑦沙壤质砾底栗淤土。耕地面积 26.7hm²，占总耕地面积的 0.017%。该土种的 pH 为 8.45。养分含量：有机质 11.05g/kg，全氮 0.660g/kg，有效磷 4.600mg/kg，速效钾 101.0mg/kg，有效硼 0.520mg/kg，有效钼 0.035mg/kg，有效锌 0.490mg/kg，有效铜 0.730mg/kg，有效铁 5.80mg/kg，有效锰 16.95mg/kg，缓效钾 536.0mg/kg，有效硫 20.69mg/kg。

⑧沙壤质壤体栗淤土。耕地面积 186.7hm²，占总耕地面积的 0.12%。该土种的 pH 为 8.45。养分含量：有机质 10.30g/kg，全氮 0.660g/kg，有效磷 8.050mg/kg，速效钾 82.0mg/kg，有效硼 0.300mg/kg，有效钼 0.023mg/kg，有效锌 0.450mg/kg，有效铜 0.510mg/kg，有效铁 7.47mg/kg，有效锰 14.33mg/kg，缓效钾 413.0mg/kg，有效硫 8.19mg/kg。

⑨沙质栗淤土。耕地面积 6.7hm²，占总耕地面积的 0.004%。该土种的 pH 为 8.62。养分含量：有机质 8.05g/kg，全氮 0.430g/kg，有效磷 4.930mg/kg，速效钾 77.0mg/kg，有效硼 0.350mg/kg，有效钼 0.010mg/kg，有效锌 0.560mg/kg，有效铜 0.620mg/kg，有效铁 3.75mg/kg，有效锰 10.43mg/kg，缓效钾 445.0mg/kg，有效硫 12.40mg/kg。

⑩沙质砾底栗淤土。耕地面积 13.3hm²，占总耕地面积的 0.008%。该土种的 pH 为 8.43。养分含量：有机质 13.70g/kg，全氮 0.850g/kg，有效磷 6.630mg/kg，速效钾 91.0mg/kg，有效硼 0.440mg/kg，有效钼 0.033mg/kg，有效锌 0.670mg/kg，有效铜 0.870mg/kg，有效铁 6.30mg/kg，有效锰 11.87mg/kg，缓效钾 561.0mg/kg，有效硫 13.10mg/kg。

⑪轻度沙化栗淤土。耕地面积 13.3hm²，占总耕地面积的 0.008%。该土种的 pH 为 8.43。养分含量：有机质 13.60g/kg，全氮 0.600g/kg，有效磷 17.370mg/kg，速效钾 182.0mg/kg，有效硼 0.390mg/kg，有效钼 0.033mg/kg，有效锌 1.610mg/kg，有效铜 0.590mg/kg，有效铁 8.20mg/kg，有效锰 19.70mg/kg，缓效钾 683.0mg/kg，有效硫 15.80mg/kg。

⑫轻壤质夹沙栗淤土。耕地面积 80.0hm²，占总耕地面积的 0.049%。该土种的 pH

为 8.32。养分含量：有机质 14.18g/kg，全氮 0.830g/kg，有效磷 11.850mg/kg，速效钾 113.0mg/kg，有效硼 0.680mg/kg，有效钼 0.023mg/kg，有效锌 1.670mg/kg，有效铜 1.050mg/kg，有效铁 8.51mg/kg，有效锰 16.80mg/kg，缓效钾 722.0mg/kg，有效硫 13.55mg/kg。

（2）栗灌淤土。耕地面积 2 820.1hm²，占总耕地面积的 1.74%。占草甸栗钙土面积的 38.49%。该土属 10 个土种有耕地分布，分别为轻壤质栗灌淤土、轻壤质砾底栗灌淤土、轻壤质沙底栗灌淤土、轻壤质沙体栗灌淤土、沙壤质栗灌淤土、沙壤质砾底栗灌淤土、沙壤质壤底栗灌淤土、沙壤质壤体栗灌淤土、沙质砾底栗灌淤土、沙壤壤体栗灌淤土。

①轻壤质栗灌淤土。耕地面积 2 293.6hm²，占总耕地面积的 1.42%。该土种的 pH 为 8.44。养分含量：有机质 11.94g/kg，全氮 0.760g/kg，有效磷 8.790mg/kg，速效钾 116.0mg/kg，有效硼 0.310mg/kg，有效钼 0.005mg/kg，有效锌 0.520mg/kg，有效铜 0.670mg/kg，有效铁 5.37mg/kg，有效锰 9.64mg/kg，缓效钾 355.0mg/kg，有效硫 20.05mg/kg。

②轻壤质砾底栗灌淤土。耕地面积 253.3hm²，占总耕地面积的 0.16%。该土种的 pH 为 8.40。养分含量：有机质 13.26g/kg，全氮 0.860g/kg，有效磷 10.800mg/kg，速效钾 115.0mg/kg，有效硼 0.430mg/kg，有效钼 0.024mg/kg，有效锌 0.710mg/kg，有效铜 0.850mg/kg，有效铁 7.46mg/kg，有效锰 12.88mg/kg，缓效钾 491.0mg/kg，有效硫 20.00mg/kg。

③轻壤质沙底栗灌淤土。耕地面积 40.0hm²，占总耕地面积的 0.024%。该土种的 pH 为 8.47。养分含量：有机质 9.73g/kg，全氮 0.660g/kg，有效磷 7.100mg/kg，速效钾 90.0mg/kg，有效硼 0.260mg/kg，有效锌 0.360mg/kg，有效铜 0.540mg/kg，有效铁 5.40mg/kg，有效锰 9.03mg/kg，缓效钾 309.0mg/kg，有效硫 11.53mg/kg。

④轻壤质沙体栗灌淤土。耕地面积 13.3hm²，占总耕地面积的 0.008%。该土种的 pH 为 8.65。养分含量：有机质 10.05g/kg，全氮 0.560g/kg，有效磷 4.100mg/kg，速效钾 78.0mg/kg，有效硼 0.730mg/kg，有效钼 0.050mg/kg，有效锌 0.450mg/kg，有效铜 0.780mg/kg，有效铁 8.45mg/kg，有效锰 16.05mg/kg，缓效钾 506.0mg/kg，有效硫 10.95mg/kg。

⑤沙壤质栗灌淤土。耕地面积 113.3hm²，占总耕地面积的 0.07%。该土种的 pH 为 8.39。养分含量：有机质 11.06g/kg，全氮 0.690g/kg，有效磷 7.980mg/kg，速效钾 112.0mg/kg，有效硼 0.170mg/kg，有效钼 0.009mg/kg，有效锌 0.260mg/kg，有效铜 0.400mg/kg，有效铁 3.33mg/kg，有效锰 5.23mg/kg，缓效钾 218.0mg/kg，有效硫 6.06mg/kg。

⑥沙壤质砾底栗灌淤土。耕地面积 20.0hm²，占总耕地面积的 0.012%。该土种的 pH 为 8.50。养分含量：有机质 10.70g/kg，全氮 0.670g/kg，有效磷 4.930mg/kg，速效钾 90.0mg/kg，有效硼 0.100mg/kg，有效钼 0.017mg/kg，有效锌 0.100mg/kg，有效铜 0.310mg/kg，有效铁 2.83mg/kg，有效锰 4.93mg/kg，缓效钾 185.0mg/kg，有效硫 5.80mg/kg。

⑦沙壤质壤底栗灌淤土。耕地面积 53.3hm²，占总耕地面积的 0.033%。该土种的

pH 为 8.50。养分含量：有机质 10.87g/kg，全氮 0.690g/kg，有效磷 5.750mg/kg，速效钾 104.0mg/kg，有效硼 0.270mg/kg，有效锌 0.580mg/kg，有效铜 0.660mg/kg，有效铁 6.17mg/kg，有效锰 4.93mg/kg，缓效钾 404.0mg/kg，有效硫 11.10mg/kg。

⑧沙壤质壤体栗灌淤土。耕地面积 13.3hm²，占总耕地面积的 0.008％。该土种的 pH 为 8.43。养分含量：有机质 11.34g/kg，全氮 0.730g/kg，有效磷 8.460mg/kg，速效钾 111.0mg/kg，有效硼 0.160mg/kg，有效钼 0.008mg/kg，有效锌 0.340mg/kg，有效铜 0.390mg/kg，有效铁 3.35mg/kg，有效锰 5.35mg/kg，缓效钾 201.0mg/kg，有效硫 6.06mg/kg。

⑨沙质砾底栗灌淤土。耕地面积 6.7hm²，占总耕地面积的 0.004％。该土种的 pH 为 8.80。养分含量：有机质 7.65g/kg，全氮 0.500g/kg，有效磷 8.950mg/kg，速效钾 67.0mg/kg，有效硼 0.370mg/kg，有效钼 0.030mg/kg，有效锌 10.250mg/kg，有效铜 0.450mg/kg，有效铁 4.10mg/kg，有效锰 10.25mg/kg，缓效钾 524.0mg/kg，有效硫 15.40mg/kg。

⑩沙质壤体栗灌淤土。耕地面积 13.3hm²，占总耕地面积的 0.008％。该土种的 pH 为 8.70。养分含量：有机质 7.20g/kg，全氮 0.510g/kg，有效磷 4.400mg/kg，速效钾 76.0mg/kg，有效硼 0.380mg/kg，有效钼 0.060mg/kg，有效锌 0.660mg/kg，有效铜 0.450mg/kg，有效铁 3.90mg/kg，有效锰 11.70mg/kg，缓效钾 495.0mg/kg，有效硫 14.40mg/kg。

（五）草甸土

草甸土是翁牛特旗境内的隐域性土壤，主要分布于东部甸子地和丘间洼地。在河两岸的河漫滩和低阶地上也有分布。面积 17 062.1hm²，占总耕地面积的 10.52％。

草甸土属于半水成土壤，它的形成主要受地势和水文地质的影响。成土母质以冲积母质为主，有少量的沙土母质、湖积母质。地下水位一般＜3m，东部草甸区＜1.5m。

植被类型以中生性草甸植物为主，常见的有芨芨草、薹草、小糠草、鹅绒委陵菜、细灯芯草等。其中常伴生着少量的芦苇、稗等喜湿性植物。在盐化地区多生长着盐地碱蓬、马蔺等耐盐植物。草甸植被除盐化区外，大都比较茂密，覆盖度 60％～70％。

草甸土的成土过程，由于地下水的作用，有两个主要特点：一是有明显的腐殖质积累过程，二是有潜育过程即氧化还原过程。

在草甸土区，由于地下水位较高，通过毛管作用可以使地表长期保持湿润状态，植被茂密，有机质积累较多。同时，由于土壤湿度较大，好气性微生物活动缓慢，有机残体主要进行嫌气性分解，使腐殖质的积累相对增强。草甸植物的根系多集中于表层，所以，表层土壤腐殖质的含量最高，向下锐减。

草甸土区的地下水位常常受季节降雨的影响而进行升降交替运动，从而导致土体中氧化还原过程也呈季节性交替进行。在多雨季节，地下水位上升，土壤通气不良，处于还原状态，三价铁、锰转化为二价铁、锰，并随水分的移动而移动。干旱季节地下水位下降，土壤通气状况良好，土壤中的二价铁、锰经氧化形成三价铁、锰，并在剖面中局部淀积，形成绣纹锈斑层（潜育层）。在绣纹锈斑层以下，由于长期受地下潜水的浸泡，以还原作用为主，二价铁、锰大量增加，形成青灰色潜育层。

草甸土的剖面由腐殖层（A）、锈纹锈斑层（g）和潜育层（G）组成，即 A-g-G 型。A 层平均厚度 25cm，呈暗灰棕色或黑棕色。有机质含量在 1.16% 左右，g 层厚度 20～60cm，内含棕红色绣纹锈斑，个别剖面中能见到铁锰结核。绣纹锈斑层以下是潜育层。在地下水位较深、土壤质地较粗的草甸土剖面中往往见不到潜育层。绣纹锈斑与腐殖质层也呈不连续状态。翁牛特旗草甸土是在栗钙土区内发育的隐域性土壤，一般剖面中均有石灰反应。但是碳酸钙淀积不明显。pH 为 8.5～9.5，呈碱性反应。

由于多分布于地下水位较高的洼地，草甸土适合种植水稻，也是翁牛特旗种植水稻的主要土壤类型，单产一般在 4 500kg/hm²，受地下水的影响，土壤养分含量相对较低，不适合种植旱田作物。

根据腐殖质的积累状况、盐化现象及所处的地域特点，将翁牛特旗的草甸土划分为浅色草甸土、盐化草甸土 2 个亚类。

1. 浅色草甸土

耕地面积 7 813.7hm²，占总耕地面积的 4.82%。占草甸土面积的 45.80%。根据母质类型将该亚类划分为两个土属。耕地主要在河淤土 1 个土属分布。按质地层次构型划分为 15 个土种。其中有 9 个土种有耕地分布，分别为轻壤质河淤土、轻壤质砾体河淤土、轻壤质沙底河淤土、沙壤质河淤土、沙壤质壤体河淤土、沙质河淤土、沙质夹壤河淤土、沙质壤底河淤土、沙质壤体河淤土。

（1）轻壤质河淤土。耕地面积 1 413.5hm²，占总耕地面积的 0.87%。该土种的 pH 为 8.76。养分含量：有机质 10.73g/kg，全氮 0.700g/kg，有效磷 9.240mg/kg，速效钾 103.0mg/kg，有效硼 0.370mg/kg，有效钼 0.024mg/kg，有效锌 0.540mg/kg，有效铜 1.140mg/kg，有效铁 18.03mg/kg，有效锰 8.36mg/kg，缓效钾 497.0mg/kg，有效硫 133.34mg/kg。

（2）轻壤质砾体河淤土。耕地面积 40.0hm²，占总耕地面积的 0.025%。该土种的 pH 为 8.49。养分含量：有机质 13.54g/kg，全氮 0.810g/kg，有效磷 6.610mg/kg，速效钾 130.0mg/kg，有效硼 0.340mg/kg，有效钼 0.029mg/kg，有效锌 0.730mg/kg，有效铜 1.170mg/kg，有效铁 12.51mg/kg，有效锰 10.24mg/kg，缓效钾 471.0mg/kg，有效硫 26.60mg/kg。

（3）轻壤质沙底河淤土。耕地面积 760.0hm²，占总耕地面积的 0.47%。该土种的 pH 为 8.45。养分含量：有机质 13.95g/kg，全氮 0.850g/kg，有效磷 12.750mg/kg，速效钾 158.0mg/kg，有效硼 0.800mg/kg，有效钼 0.035mg/kg，有效锌 1.210mg/kg，有效铜 1.240mg/kg，有效铁 12.40mg/kg，有效锰 17.65mg/kg，缓效钾 779.0mg/kg，有效硫 17.30mg/kg。

（4）沙壤质河淤土。耕地面积 2 313.4hm²，占总耕地面积的 1.43%。该土种的 pH 为 8.59。养分含量：有机质 10.670g/kg，全氮 0.67g/kg，有效磷 11.860mg/kg，速效钾 85.0mg/kg，有效硼 1.040mg/kg，有效钼 0.010mg/kg，有效锌 0.440mg/kg，有效铜 1.040mg/kg，有效铁 22.35mg/kg，有效锰 6.40mg/kg，缓效钾 369.0mg/kg，有效硫 130.64mg/kg。

（5）沙壤质壤体河淤土。耕地面积 313.3hm²，占总耕地面积的 0.19%。该土种的

pH 为 8.59。养分含量：有机质 10.04g/kg，全氮 0.670g/kg，有效磷 11.860mg/kg，速效钾 85.0mg/kg，有效硼 1.040mg/kg，有效钼 0.010mg/kg，有效锌 0.440mg/kg，有效铜 1.040mg/kg，有效铁 22.35mg/kg，有效锰 6.40mg/kg，缓效钾 369.0mg/kg，有效硫 130.64mg/kg。

（6）沙质河淤土。耕地面积 913.4hm²，占总耕地面积的 0.56%。该土种的 pH 为 8.59。养分含量：有机质 15.07g/kg，全氮 0.830g/kg，有效磷 14.020mg/kg，速效钾 90.0mg/kg，有效硼 0.310mg/kg，有效钼 0.015mg/kg，有效锌 0.750mg/kg，有效铜 1.210mg/kg，有效铁 29.81mg/kg，有效锰 7.10mg/kg，缓效钾 367.0mg/kg，有效硫 208.29mg/kg。

（7）沙质夹壤河淤土。耕地面积 260.0hm²，占总耕地面积的 0.16%。该土种的 pH 为 8.72。养分含量：有机质 10.00g/kg，全氮 0.630g/kg，有效磷 8.120mg/kg，速效钾 90.0mg/kg，有效硼 0.250mg/kg，有效钼 0.008mg/kg，有效锌 0.400mg/kg，有效铜 0.710mg/kg，有效铁 12.98mg/kg，有效锰 6.12mg/kg，缓效钾 368.0mg/kg，有效硫 144.60mg/kg。

（8）沙质壤底河淤土。耕地面积 1 726.8hm²，占总耕地面积的 1.07%。该土种的 pH 为 8.71。养分含量：有机质 13.87g/kg，全氮 0.840g/kg，有效磷 11.940mg/kg，速效钾 110.0mg/kg，有效硼 0.430mg/kg，有效钼 0.024mg/kg，有效锌 0.790mg/kg，有效铜 1.680mg/kg，有效铁 24.09mg/kg，有效锰 11.09mg/kg，缓效钾 590.0mg/kg，有效硫 57.05mg/kg。

（9）沙质壤体河淤土。耕地面积 73.3hm²，占总耕地面积的 0.045%。该土种的 pH 为 8.40。养分含量：有机质 10.10g/kg，全氮 0.570g/kg，有效磷 16.900mg/kg，速效钾 131.0mg/kg，有效硼 0.570mg/kg，有效锌 1.010mg/kg，有效铜 0.460mg/kg，有效铁 9.20mg/kg，有效锰 13.10mg/kg，缓效钾 484.0mg/kg，有效硫 12.70mg/kg。

2. 盐化草甸土

耕地面积 9 248.4hm²，占总耕地面积的 5.7%。占草甸土面积的 54.2%。根据母质类型将该亚类划分为壤质盐化草甸土和沙质盐化草甸土 2 个土属，2 个土属均有耕地分布。

（1）壤质盐化草甸土。耕地面积 1 221.3hm²，占总耕地面积的 0.75%，占盐化草甸土面积的 13.21%。该土属又划分为壤质轻度盐化草甸土和壤质中度盐化草甸土 2 个土种，2 个土种均有耕地分布。

①壤质轻度盐化草甸土。耕地面积 1 126.7hm²，占总耕地面积的 0.70%。该土种的 pH 为 8.51。养分含量：有机质 15.20g/kg，全氮 0.910g/kg，有效磷 13.870mg/kg，速效钾 148.0mg/kg，有效硼 0.620mg/kg，有效钼 0.015mg/kg，有效锌 1.060mg/kg，有效铜 1.280mg/kg，有效铁 18.06mg/kg，有效锰 12.94mg/kg，缓效钾 667.0mg/kg，有效硫 96.88mg/kg。

②壤质中度盐化草甸土。耕地面积 94.6hm²，占总耕地面积的 0.058%。该土种的 pH 为 8.93。养分含量：有机质 10.00g/kg，全氮 0.740g/kg，有效磷 13.070mg/kg，速效钾 157.0mg/kg，有效硼 0.780mg/kg，有效钼 0.093mg/kg，有效锌 0.830mg/kg，有效铜 0.960mg/kg，有效铁 7.37mg/kg，有效锰 10.67mg/kg，缓效钾 581.0mg/kg，有效

硫 26.77mg/kg。

（2）沙质盐化草甸土。耕地面积 8 027.1hm²，占总耕地面积的 4.95%。占盐化草甸土面积的 86.79%。该土属中的沙质轻度盐化草甸土、沙质中度盐化草甸土 2 个土种上有耕地分布。

①沙质轻度盐化草甸土。耕地面积 7 233.7hm²，占总耕地面积的 4.47%。该土种的 pH 为 8.68。养分含量：有机质 12.00g/kg，全氮 0.740g/kg，有效磷 10.930mg/kg，速效钾 101.0mg/kg，有效硼 0.360mg/kg，有效钼 0.009mg/kg，有效锌 0.670mg/kg，有效铜 1.220mg/kg，有效铁 27.48mg/kg，有效锰 9.10mg/kg，缓效钾 503.0mg/kg，有效硫 143.22mg/kg。

②沙质中度盐化草甸土。耕地面积 793.4hm²，占总耕地面积的 0.49%。该土种的 pH 为 8.71。养分含量：有机质 13.91g/kg，全氮 0.790g/kg，有效磷 12.720mg/kg，速效钾 92.0mg/kg，有效硼 0.380mg/kg，有效钼 0.010mg/kg，有效锌 0.830mg/kg，有效铜 1.220mg/kg，有效铁 7.37mg/kg，有效锰 10.67mg/kg，缓效钾 581.0mg/kg，有效硫 26.77mg/kg。

（六）沼泽土

翁牛特旗境内的沼泽土主要分布于东部老哈河、西拉木伦河中下游冲积平原低洼地带，零星存在于草甸土之中或丘间洼地。面积 139.4hm²，占总耕地面积的 0.09%。沼泽土的形成与翁牛特旗的气候条件关系不大。主要形成条件有如下三点：①地势低洼，积水较多，土壤处于长期积水或季节性积水状态；②土壤质地黏重，底部多为重壤或中壤，透水不良，有利于水分积聚；③喜湿性植物茂盛，植被类型主要有薹草、莎草、香蒲、三棱草、芦苇等，草高 60～120cm，覆盖度 80%～90%。

在上述条件的综合作用下，沼泽土的形成过程可分为半分解有机质积累过程和潜育化过程。

在常年或季节性积水条件下，沼泽植物生长繁茂，每年有大量的有机质留给土壤。加上在潮湿积水的环境中，微生物活动微弱，有机质不能彻底分解，只以半分解状态积累下来，但尚未形成泥炭层。

沼泽土的潜育化过程是在嫌气条件下，大量有机质分解产生较多的还原性物质，使下层土壤长期处于还原状态，使高价铁转化为亚铁。土壤溶液中的亚铁离子与土壤液体中的硅、铝发生氧化反应，形成含有氧化亚铁的次生铁、铝、硅酸盐，使土壤颜色变为蓝色或青灰色，形成潜育层。

由于翁牛特旗沼泽土中尚未形成泥炭层，所以将沼泽土中的半分解有机质积累层称为腐泥层、以下称为潜育层，剖面构型为 F-G 型。有机质层深厚，有机质含量在 5% 左右，颜色较暗，多为黑色或黑褐色。pH 为 8～9。

该土类多处于水淹状态，除种植水稻外不能种植其他作物，水稻生产能力较高，一般单产可达 5 000kg/hm²。

按有机质积累状况和潜育化程度将翁牛特旗的沼泽土划分为草甸沼泽土和腐泥沼泽土 2 个亚类，2 个亚类上均有耕地分布。

1. 草甸沼泽土

耕地面积99.4hm²，占总耕地面积的0.061%，占沼泽土面积的71.31%。本亚类只划分了1个土属潜育土、1个土种薄层潜育土。该土种的pH为8.73。养分含量：有机质25.97g/kg，全氮1.460g/kg，有效磷13.280mg/kg，速效钾118.0mg/kg，有效硼0.360mg/kg，有效钼0.008mg/kg，有效锌0.970mg/kg，有效铜1.500mg/kg，有效铁56.88mg/kg，有效锰12.45mg/kg，缓效钾519.0mg/kg，有效硫145.41mg/kg。

2. 腐泥沼泽土

耕地面积40.0hm²，占总耕地面积的0.025%，占沼泽土面积的28.69%。本亚类只划分了1个土属腐泥土、1个土种薄层腐泥土。该土种的pH为8.48。养分含量：有机质21.95g/kg，全氮1.330g/kg，有效磷10.290mg/kg，速效钾163.0mg/kg，有效硼0.250mg/kg，有效钼0.020mg/kg，有效锌0.830mg/kg，有效铜2.810mg/kg，有效铁49.83mg/kg，有效锰9.10mg/kg，缓效钾646.0mg/kg，有效硫223.59mg/kg。

（七）风沙土

翁牛特旗境内的风沙土主要分布在东部西拉木伦河南岸、老哈河北岸的覆沙地带。属于科尔沁沙地的西端，素有"八百里瀚海"之称，面积2 041.4hm²，占全旗耕地总面积的1.26%。

风沙土的主要形成条件有两个。一个是沙源丰富。翁牛特旗风沙土的沙源为西拉木伦河的冲积沙和覆沙带西部边缘的沙质栗钙土，包括西拉木伦河以北巴林右旗的风沙土和沙质栗钙土。这些都是翁牛特旗风沙土形成的物质基础。同时，在这一地区，植被稀疏低矮，覆盖度小，固定性差，又为风力携沙提供了条件。另一个是风动力大，翁牛特旗风沙土地带的年平均风速在4m/s以上，全年3~20m/s累积风速时长4 500~5 000h，大于六级风的日数60~100d，大于八级风的日数40~60d，年均扬沙日和沙暴日在10~20d。可见，有足够的力量使地表侵蚀、沙粒流动、细土飞扬。

风沙土属于幼年土壤，成年作用微弱而不稳定。剖面质地均一，除固定风沙土外，层次发育均不明显，有机质含量低，无明显淀积和淋溶现象。

根据发育程度将风沙土划分为固定风沙土、岗沼沙土和坨沙土3个亚类。仅固定风沙土1个亚类有耕地分布。根据地貌类型以及改良利用的难易程度将固定风沙土划分为4个土属。仅岗沼沙土和沼沙土（风沙土）2个土属有耕地分布。

1. 沼沙土

耕地面积953.4hm²，占总耕地面积的0.59%，占固定风沙土面积的46.71%。该亚类只划分了1个土种生草沼沙土。该土种的pH为8.66。养分含量：有机质11.40g/kg，全氮0.690g/kg，有效磷10.240mg/kg，速效钾93.0mg/kg，有效硼0.30mg/kg，有效钼0.008mg/kg，有效锌0.540mg/kg，有效铜1.070mg/kg，有效铁23.90mg/kg，有效锰7.87mg/kg，缓效钾439.0mg/kg，有效硫124.75mg/kg。有机质及其他养分含量较低，所以生产能力较低，无灌溉条件的几乎不能耕种，有灌溉条件的耕地产量也较低。

2. 岗沼沙土

耕地面积1 087.7hm²，占总耕地面积的0.67%，占固定风沙土面积的53.29%。该土属只有生草岗沼沙土1个土种有耕地分布。该土种的pH为8.60。养分含量：有机质8.35g/kg，全氮0.540g/kg，有效磷8.800mg/kg，速效钾89.0mg/kg，有效硼0.220mg/kg，有效钼0.003mg/kg，有效锌0.460mg/kg，有效铜0.360mg/kg，有效铁4.98mg/kg，有效锰7.18mg/kg，缓效钾319.0mg/kg，有效硫26.77mg/kg。

第二节 耕地土壤的有机质及大量元素养分现状

根据4 078个耕层（0～20cm）土壤样品的分析化验结果，统计了耕地土壤有机质、全氮、碱解氮、有效磷、缓效钾、速效钾的含量和分级面积，结果见表4-2、表4-3、表4-4，不同地力等级耕地的养分含量见表4-5、表4-6。

表4-2 各土类耕地土壤的养分含量

土类	项目	有机质 （g/kg）	全氮 （g/kg）	有效磷 （mg/kg）	速效钾 （mg/kg）
草甸土	变幅	0.30～122.40	0.354～2.283	1.410～118.021	17～215
	平均	11.69	0.71	10.68	89
风沙土	变幅	5.22～27.58	0.337～1.390	2.545～27.849	33～210
	平均	9.98	0.63	8.28	88
黑钙土	变幅	8.16～61.01	0.624～2.752	3.889～18.458	62～205
	平均	29.67	1.57	9.11	112
灰色森林土	变幅	12.36～44.70	0.775～2.312	4.917～19.117	62～146
	平均	21.47	1.37	8.54	96
栗钙土	变幅	4.77～37.64	0.305～1.944	0.717～52.758	40～306
	平均	12.13	0.77	7.09	96
沼泽土	变幅	5.94～20.60	0.412～4.192	4.605～20.071	19～208
	平均	42.10	2.63	16.96	123
棕壤	变幅	11.14～56.11	0.689～2.851	1.800～30.496	37～320
	平均	24.35	1.24	9.51	117
合计	变幅	0.30～122.40	0.305～2.851	0.717～118.021	17～320
	平均	13.07	0.81	7.61	96

表4-3 耕地土壤养分分级面积统计

有机质	含量（g/kg）	>20.33	11.00～20.33	5.17～11.00	<5.17
	面积（hm²）	8 246.9	103 215.9	50 567.1	107.5
	占总耕地面积比例（%）	5.1	63.7	31.2	0.1
全氮	含量（g/kg）	>1.22	0.66～1.22	0.31～0.66	<0.31
	面积（hm²）	8 074.5	120 051.4	34 006.8	
	占总耕地面积比例（%）	5.0	74.0	21.0	

（续）

			>27.84	8.51~27.84	1.94~8.51	<1.94
有效磷		含量（mg/kg）	>27.84	8.51~27.84	1.94~8.51	<1.94
		面积（hm²）	616.3	40 340.9	120 243.0	937.2
		占总耕地面积比例（%）	0.4	24.9	74.2	0.6
速效钾		含量（mg/kg）	>174	86~174	36~86	<36
		面积（hm²）	1 210.0	107 501.4	53 016.9	409.1
		占总耕地面积比例（%）	0.7	66.3	32.7	0.3

表 4-4　各土类耕地土壤养分分级面积统计

养分	土类	项目	>1.22	0.66~1.22	0.31~0.66	<0.31
全氮	草甸土	面积（hm²）	128.8	12 202.2	4 731.1	
		占土类面积比例（%）	0.8	71.5	27.7	
	风沙土	面积（hm²）	18.1	677.2	1 345.8	
		占土类面积比例（%）	0.9	33.2	65.9	
	黑钙土	面积（hm²）	6 572.5	2 076.4		
		占土类面积比例（%）	76.0	24.0		
	灰色森林土	面积（hm²）	187.1	299.0		
		占土类面积比例（%）	38.5	61.5		
	栗钙土	面积（hm²）	845.5	104 390.4	27 836.5	
		占土类面积比例（%）	0.6	78.4	20.9	
	沼泽土	面积（hm²）		49.6	89.7	
		占土类面积比例（%）		35.6	64.4	
	棕壤	面积（hm²）	322.5	356.7		
		占土类面积比例（%）	47.5	52.5		

养分	土类	项目	>27.84	8.51~27.84	1.94~8.51	<1.94
有效磷	草甸土	面积（hm²）	321.3	7 521.1	9 210.0	9.7
		占土类面积比例（%）	1.9	44.1	54.0	0.1
	风沙土	面积（hm²）	3.5	878.1	1 159.6	
		占土类面积比例（%）	0.2	43.0	56.8	
	黑钙土	面积（hm²）		5 073.6	3 578.9	
		占土类面积比例（%）		58.6	41.4	
	灰色森林土	面积（hm²）		125.1	361.0	
		占土类面积比例（%）		25.7	74.3	
	栗钙土	面积（hm²）	290.2	26 241.4	105 618.4	927.1
		占土类面积比例（%）	0.2	19.7	79.4	0.7
	沼泽土	面积（hm²）		111.1	28.2	
		占土类面积比例（%）		79.7	20.2	
	棕壤	面积（hm²）	1.4	390.5	286.9	0.4
		占土类面积比例（%）	0.2	57.5	42.2	0.1

（续）

养分	土类	项目	>174	86~174	36~86	<36
速效钾	草甸土	面积（hm²）	270.9	10 023.5	6 226.9	371.1
		占土类面积比例（%）	1.6	59.3	36.9	2.2
	风沙土	面积（hm²）	8.1	987.9	1 043.9	
		占土类面积比例（%）	0.4	48.4	51.2	
	黑钙土	面积（hm²）	331.0	6 588.4	1 733.1	
		占土类面积比例（%）	3.8	76.1	20.0	
	灰色森林土	面积（hm²）		308.2	177.8	
		占土类面积比例（%）		63.4	36.6	
	栗钙土	面积（hm²）	512.2	85 720.1	46 844.7	
		占土类面积比例（%）	0.4	64.4	35.2	
	沼泽土	面积（hm²）	0.3	32.5	68.7	37.9
		占土类面积比例（%）	0.2	23.3	49.3	27.2
	棕壤	面积（hm²）	48.7	556.5	74.1	
		占土类面积比例（%）	7.2	81.9	10.9	

养分	土类	项目	>20.33	11.00~20.33	5.17~11.00	<5.17
有机质	草甸土	面积（hm²）	371.0	11 681.1	5 010.0	
		占土类面积比例（%）	2.2	68.5	29.4	
	风沙土	面积（hm²）	22.9	473.6	1 544.7	
		占土类面积比例（%）	1.1	23.2	75.7	
	黑钙土	面积（hm²）	6 787.8	1 793.7	71.0	
		占土类面积比例（%）	78.4	20.7	0.8	
	灰色森林土	面积（hm²）	220.3	265.7		
		占土类面积比例（%）	45.3	54.7		
	栗钙土	面积（hm²）	514.3	88 601.4	43 853.8	107.5
		占土类面积比例（%）	0.4	66.6	33.0	0.1
	沼泽土	面积（hm²）	139.4			
		占土类面积比例（%）	100.0			
	棕壤	面积（hm²）	324.8	354.4		
		占土类面积比例（%）	47.8	52.2		

表 4-5　各等级耕地土壤的养分含量

地力等级	项目	有机质(g/kg)	全氮(g/kg)	碱解氮(mg/kg)	有效磷(mg/kg)	缓效钾(g/kg)	速效钾(mg/kg)
一级地	变幅	6.11~52.93	0.42~2.75	33~202	3.15~38.40	152~910	28~320
	平均	16.79	0.99	91	9.9	550	110
二级地	变幅	5.43~61.01	0.31~2.85	24~235	2.36~118.0	304~1 000	36~210
	平均	15.67	0.95	87	8.3	537	100
三级地	变幅	5.22~58.08	0.35~2.29	28~231	1.44~29.7	172~887	17~201
	平均	12.00	0.75	72	7.5	540	93
四级地	变幅	5.26~19.68	0.36~1.35	36~183	0.72~24.6	278~846	27~173
	平均	12.85	0.80	71	7.0	565	100

（续）

地力等级	项目	有机质(g/kg)	全氮(g/kg)	碱解氮(mg/kg)	有效磷(mg/kg)	缓效钾(g/kg)	速效钾(mg/kg)
五级地	变幅	4.77～18.30	0.35～1.29	37～150	1.00～25.40	289～709	39～138
	平均	10.79	0.68	65	5.7	559	92
平　均		13.07	0.81	77	7.61	548	96

表4-6　耕地土壤养分含量对照（0～20cm）

土类	第二次土壤普查结果				2007年调查结果			
	有机质(g/kg)	全氮(g/kg)	有效磷(mg/kg)	速效钾(mg/kg)	有机质(g/kg)	全氮(g/kg)	有效磷(mg/kg)	速效钾(mg/kg)
草甸土	11.43	0.69	5.56	134	11.69	0.71	10.68	89
风沙土	6.99	0.50	2.42	155	9.98	0.63	8.28	88
黑钙土	36.51	2.40	2.09	122	29.67	1.57	9.11	112
栗钙土	11.36	0.59	3.08	101	12.13	0.77	7.09	96
沼泽土	54.02	2.86	11.00	205	42.10	2.63	16.96	123
棕壤	18.76	1.04	4.25	111	24.35	1.37	9.51	117
灰色森林土	44.80	2.36	2.36	137	21.47	1.24	8.54	96
平均	12.24	0.69	2.85	117	13.07	0.81	7.61	96

土类	增减量				增减百分数（%）			
	有机质(g/kg)	全氮(g/kg)	有效磷(mg/kg)	速效钾(mg/kg)	有机质(g/kg)	全氮(g/kg)	有效磷(mg/kg)	速效钾(mg/kg)
草甸土	0.26	0.02	5.12	-45	2.27	2.90	92.09	-33.58
风沙土	2.99	0.13	5.86	-67	42.78	26.00	242.15	-43.23
黑钙土	-6.84	-0.83	7.02	-10	-18.73	-34.58	335.89	-8.20
栗钙土	0.77	0.18	4.01	-5	6.78	30.51	130.19	-4.95
沼泽土	-11.92	-0.23	5.96	-82	-22.06	-8.04	54.18	-40.00
棕壤	5.59	0.33	5.26	6	29.80	31.73	123.76	5.41
灰色森林土	-23.33	-1.12	6.18	-41	52.07	-50.85	261.86	29.93

一、耕地土壤有机质含量

土壤有机质是土壤的重要组成部分，直接影响土壤的各种理化性状，是土壤肥力的主要指标和基础。土壤有机质含量的高低与成土因素中的气候条件密切相关，翁牛特旗气候属中温带半干旱大陆性季风气候，不利于土壤有机质的形成和积累，土壤有机质含量都比较低。全旗耕地土壤的有机质平均含量为13.07g/kg，变幅为0.30～122.40g/kg。有机质含量大于20.33g/kg的面积8 246.9hm²，仅占总耕地面积的5.1%，其余耕地土壤的有机质含量都小于20.33g/kg，其中有103 215.9hm²的耕地有机质含量集中在11.00～20.33g/kg的范围内，占总耕地面积的63.7%；有50 567.1hm²的耕地有机质含量在5.17～11.00g/kg的范围内，有0.1%的耕地有机质含量小于5.17g/kg，面积为107.5hm²。

不同土壤类型的有机质平均含量变化较大，沼泽土最高，平均含量为42.10g/kg，风沙土最低，只有9.98g/kg。不同土壤类型有机质含量的分级面积见表4-6，沼泽土的有机质含量全部大于20.33g/kg，而风沙土的有机质含量的98.9%在5.17～20.33g/kg。

耕地土壤的有机质含量与地力等级相关性较好，地力等级越高，有机质含量也越高，但四级地比三级地稍高。一等地为 16.79g/kg，比五等地高 6.00g/kg（图 4-1）。

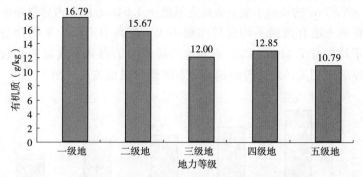

图 4-1 不同地力等级耕地土壤有机质含量

各乡（镇、苏木）不同土壤类型、不同地力等级耕地的有机质含量见附件。

二、耕地土壤的氮含量

耕地土壤的全氮含量与有机质含量密切相关，土壤有机质含量低，土壤全氮也较低，翁牛特旗耕地土壤全氮平均为 0.81g/kg，变幅为 0.305~2.851g/kg。含量大于 1.22g/kg 的面积 8 074.5hm²，占总耕地面积的 5.0%。74.0% 的耕地土壤全氮含量集中 0.66~1.22g/kg 的范围内，面积 120 051.4hm²，有 34 006.8hm² 的耕地土壤全氮含量在 0.31~0.66g/kg 的范围内，占总耕地面积的 21.0%。

各土类间的全氮含量变化较大，沼泽土的全氮含量最高，平均为 2.63g/kg；风沙土的全氮平均含量只有 0.63g/kg，而且 99.1% 的风沙土全氮含量小于 1.22g/kg，仅有 0.9% 的风沙土全氮含量大于 1.0g/kg。

各乡（镇、苏木）不同土壤类型、不同地力等级耕地的全氮含量见附件。

不同地力等级的耕地土壤的全氮含量差别也比较大，地力等级越高，全氮含量也越高，只有四级地比三级地稍高。一等地全氮平均含量为 0.99g/kg，变幅为 0.42~2.75g/kg；五等地全氮平均含量只有 0.68g/kg，变幅为 0.35~1.29g/kg（图 4-2）。

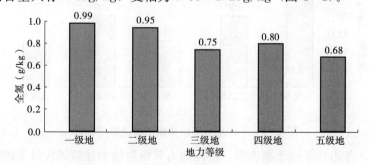

图 4-2 不同地力等级耕地土壤全氮含量

三、耕地土壤的磷含量

翁牛特旗耕地土壤的有效磷含量相较于其他土壤养分稍高，且变化幅度较大，平均含量为 7.61mg/kg，最高含量达 118.021mg/kg，最低含量只有 0.717mg/kg。含量大于

27.84mg/kg 的面积 616.3hm²，占总耕地面积的 0.4％，含量主要集中在 1.94～27.84mg/kg，占 99.1％。有 937.2hm² 的耕地土壤有效磷含量低于 1.94mg/kg，占总耕地面积的 0.6％。

各土类间耕地土壤有效磷平均含量差别不大，最高的沼泽土平均含量 16.96mg/kg，最低的栗钙土平均含量 7.09mg/kg。不同地力等级间的有效磷含量差别较大，地力等级与有效磷含量显著正相关，地力等级越高，有效磷含量也越高（图 4-3）。

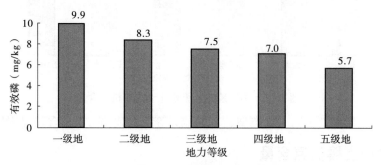

图 4-3　不同地力等级耕地土壤有效磷含量

各乡（镇、苏木）不同土壤类型、不同地力等级耕地的有效磷含量见附件。

四、耕地土壤的钾含量

耕地土壤的速效钾含量处于中下等水平，平均为 96mg/kg，最高含量达 320mg/kg，最低的只有 17mg/kg。含量主要集中在 86～174mg/kg，面积 107 501.4hm²，占耕地面积的 66.3％；低于 36mg/kg 的面积 409.1hm²，占耕地面积的 0.3％，高于 174mg/kg 的面积 1 210.0hm²，占总耕地面积的 0.7％。

各地力等级土壤速效钾的平均含量变化不大，一级地最高，平均为 110mg/kg，四级地最低，平均为 92mg/kg（图 4-4）。

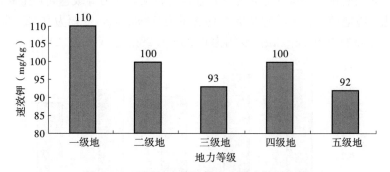

图 4-4　不同地力等级耕地土壤速效钾含量

各乡（镇、苏木）不同土壤类型、不同地力等级耕地的速效钾含量见附件。

第三节　耕地土壤中、微量元素养分现状

一、中量元素

耕层土壤的有效硫、有效硅含量都比较高。有效硫平均含量为 33.42mg/kg，变幅为

3.22～994.19mg/kg，有效硅平均含量为 211.34mg/kg，变幅为54～438mg/kg。

土壤类型不同，中量元素含量差别较大，有效硫以草甸土为最高，平均为 138.21mg/kg，栗钙土最低，为 15.93mg/kg；有效硅以灰色森林土为最高，平均为 275.44mg/kg，沼泽土最低，平均为 128.74mg/kg（表 4-7）。

表 4-7　不同土壤类型耕地土壤部分中量元素含量

土类	项目	有效硫（mg/kg）	有效硅（mg/kg）
草甸土	变幅	4.74～994.19	54～275
	平均	138.21	138.02
风沙土	变幅	3.32～978.83	88～206
	平均	39.9	140.9
黑钙土	变幅	12.09～84.74	140～430
	平均	33.29	262.17
灰色森林土	变幅	13.58～69.36	160～380
	平均	29.36	275.44
栗钙土	变幅	3.22～601.5	89～391
	平均	15.93	176.1
沼泽土	变幅	7.14～257.41	92～186
	平均	61.79	128.74
棕壤	变幅	6.31～68.37	160～438
	平均	26.61	265.08
平　均		33.42	211.34

二、微量元素

（一）微量元素的分级标准和临界值

微量元素的分级标准和临界值采用内蒙古自治区第二次土壤普查时的分级标准和临界指标值（表 4-8）。

表 4-8　土壤微量元素含量的分级标准

单位：mg/kg

养分	很高	高	中等	低	很低	临界值
硼	>2.0	1.0～2.0	0.5～1.0	0.2～0.5	<0.2	0.5
钼	>3.0	0.2～0.3	0.15～0.2	0.1～0.15	<0.1	0.15
锌	>3.0	1.0～3.0	0.5～1.0	0.3～0.5	<0.3	0.5
铜	>1.8	1.0～1.8	0.2～1.0	0.1～0.2	<0.1	0.2
铁	>20.0	10.0～20.0	4.5～10.0	2.5～4.5	<2.5	2.5
锰	>30.0	15.0～30.0	5.0～15.0	1.0～5.0	<1.0	7.0

（二）土壤微量元素含量

不同土壤类型、不同地力等级耕地土壤（0～20cm）微量元素含量与分级面积统计结果见表 4-9 至表 4-17。

表4-9 耕地土壤微量元素含量

单位：mg/kg

元素	项目	草甸土	风沙土	黑钙土	灰色森林土	栗钙土	沼泽土	棕壤
硼	变幅	0.056~1.089	0.065~0.756	0.127~0.964	0.232~0.903	0.032~1.199	0.095~1.02	0.143~0.887
	平均值	0.39	0.304	0.503	0.503	0.326	0.37	0.455
钼	变幅	0.017 4~0.277 2	0.019 3~0.275 8	0.031 5~0.082 5	0.039 2~0.070 5	0.016 3~0.373 3	0.018 2~0.231 4	0.019 2~0.169 7
	平均值	0.095 1	0.065 8	0.052 3	0.050 2	0.061 6	0.099 6	0.054
锌	变幅	0.141~2.256	0.069~2.517	0.231~2.039	0.286~1.165	0.041~3.575	0.395~1.49	0.266~1.775
	平均值	0.793	0.681	0.589	0.482	0.64	0.799	0.629
铜	变幅	0.184~3.75	0.296~3.575	0.239~1.754	0.468~1.684	0.308~7.478	0.496~3.686	0.398~1.584
	平均值	1.143	0.655	0.817	1.125	0.755	1.362	0.724
铁	变幅	3.706~133.114	2.92~80.508	7.801~77.809	9.349~57.595	2.699~74.341	10.105~81.045	5.638~72.334
	平均值	24.917	9.171	32.577	16.178	7.796	46.928	24.524
锰	变幅	3.904~23.808	3.352~26.755	13.772~32.719	13.772~25.094	4.504~34.982	5.978~15.363	5.542~29.0414
	平均值	10.503	11.906	21.05	19.052	14.773	10.158	19.528

表 4 - 10　微量元素养分分级面积

	含量（mg/kg）	>2.0	1.0~2.0	0.5~1.0	0.2~0.5	≤0.2
硼	面积（hm²）		0	15 507.4	120 619.4	25 848.0
	占总耕地面积比例（%）		0	9.6	74.5	16.0
	含量（mg/kg）	>0.3	0.2~0.3	0.15~0.2	0.1~0.15	≤0.1
钼	面积（hm²）	40.0	1 560.0	2 093.3	9 886.7	148 366.7
	占总耕地面积比例（%）	0.0	1.0	1.3	6.1	91.6
	含量（mg/kg）	>3.0	1.0~3.0	0.5~1.0	0.3~0.5	≤0.3
锌	面积（hm²）	40.0	21 053.3	72 213.3	55 866.7	12 773.3
	占总耕地面积比例（%）	0.0	13.0	44.6	34.5	7.9
	含量（mg/kg）	>1.8	1.0~1.8	0.2~1.0	0.1~0.2	≤0.1
铜	面积（hm²）	3 266.7	30 066.7	128 600		
	占总耕地面积比例（%）	2.0	18.6	79.4		
	含量（mg/kg）	>20.0	10.0~20.0	4.5~10.0	2.5~4.5	≤2.5
铁	面积（hm²）	16 400.8	16 840.8	118 412.6	10 293.8	1 666.8
	占总耕地面积比例（%）	10.1	10.4	73.1	6.3	1.0
	含量（mg/kg）	>30.0	15.0~30.0	5.0~15.0	1.0~5.0	≤1.0
锰	面积（hm²）	220.0	63 246.7	98 046.7	626.7	
	占总耕地面积比例（%）	0.14	39.01	60.47	0.39	0.14

表 4 - 11　不同土壤类型微量元素硼养分分级面积

土类	项目	>2.0 mg/kg	1.0~2.0 mg/kg	0.5~1.0 mg/kg	0.2~0.5 mg/kg	≤0.2 mg/kg
灰色森林土	面积（hm²）			273.3	213.3	
	占土类面积比例（%）			56.7	43.2	
棕壤	面积（hm²）			200.0	466.7	13.3
	占土类面积比例（%）			28.9	68.6	2.0
黑钙土	面积（hm²）			3 786.7	4 826.7	40.0
	占土类面积比例（%）			43.8	55.8	0.4
栗钙土	面积（hm²）		13.3	7 846.7	101 613.3	23 600.0
	占土类面积比例（%）		0.0	5.9	76.4	17.7
草甸土	面积（hm²）		0.0	3 453.3	12 146.7	1460.0
	占土类面积比例（%）			20.2	71.2	8.6
风沙土	面积（hm²）			146.7	1 406.7	493.3
	占土类面积比例（%）			7.1	68.9	24.2
沼泽土	面积（hm²）		13.3	40.0	13.3	66.7
	占土类面积比例（%）		10.0	30.0	10.0	50.0

（续）

土类	项目	>2.0 mg/kg	1.0~2.0 mg/kg	0.5~1.0 mg/kg	0.2~0.5 mg/kg	≤0.2 mg/kg
合计	面积（hm²）			15 746.7	120 686.7	25 673.3
	占土类面积比例（%）			9.7	74.4	15.8

表 4-12　不同土壤类型微量元素钼养分分级面积

土类	项目	>0.3 mg/kg	0.2~0.3 mg/kg	0.15~0.2 mg/kg	0.1~0.15 mg/kg	≤0.1 mg/kg
灰色森林土	面积（hm²）					486.7
	占土类面积比例（%）					100.0
棕壤	面积（hm²）				6.7	673.3
	占土类面积比例（%）				1.0	99.0
黑钙土	面积（hm²）					8 653.3
	占土类面积比例（%）					100.0
栗钙土	面积（hm²）	40.0	360.0	580.0	7 826.7	124 273.3
	占土类面积比例（%）	0.0	0.3	0.4	5.9	93.4
草甸土	面积（hm²）		1 113.3	1 506.7	1 886.7	12 553.3
	占土类面积比例（%）		6.5	8.8	11.1	73.6
风沙土	面积（hm²）		40.0	6.7	240.0	1 760.0
	占土类面积比例（%）		2.0	0.3	11.6	86.1
沼泽土	面积（hm²）		46.7	6.7	26.7	60.0
	占土类面积比例（%）		33.3	4.8	19.1	42.8
合计	面积（hm²）	40.0	1 560.0	2 093.3	9 986.7	148 453.3
	占土类面积比例（%）	0.0	1.0	1.3	6.2	91.6

表 4-13　不同土壤类型微量元素锌养分分级面积

土类	项目	>3 mg/kg	1.0~3.0 mg/kg	0.5~1.0 mg/kg	0.3~0.5 mg/kg	≤0.3 mg/kg
灰色森林土	面积（hm²）		20.0	93.3	366.7	6.7
	占土类面积比例（%）		4.3	19.0	75.7	0.9
棕壤	面积（hm²）		46.7	440.0	180.0	13.3
	占土类面积比例（%）		7.1	64.6	26.1	2.1
黑钙土	面积（hm²）		740.0	2 820.0	4 913.3	186.7
	占土类面积比例（%）		8.5	32.6	56.7	2.2
栗钙土	面积（hm²）		15 313.3	60 366.7	45 846.7	11 513.3
	占土类面积比例（%）		11.5	45.4	34.5	8.7
草甸土	面积（hm²）		4 620.0	7 726.7	4 113.3	606.7
	占土类面积比例（%）		27.1	45.3	24.1	3.6

（续）

土类	项目	>3 mg/kg	1.0～3.0 mg/kg	0.5～1.0 mg/kg	0.3～0.5 mg/kg	≤0.3 mg/kg
风沙土	面积（hm²）		346.7	826.7	660.0	206.7
	占土类面积比例（%）		16.9	40.6	32.3	10.3
沼泽土	面积（hm²）		6.7	126.7	6.7	
	占土类面积比例（%）		4.8	90.4	4.8	
合计	面积（hm²）		21 093.3	72 400.0	56 080.0	12 526.7
	占土类面积比例（%）		13.0	44.7	34.6	7.7

表 4-14 不同土壤类型微量元素铜养分分级面积

土类	项目	>1.8 mg/kg	1.0～1.8 mg/kg	0.20～1.0 mg/kg	0.1～0.2 mg/kg	≤0.1 mg/kg
灰色森林土	面积（hm²）		300.0	186.7		
	占土类面积比例（%）		61.7	38.2		
棕壤	面积（hm²）		40.0	640.0		
	占土类面积比例（%）		6.2	93.7		
黑钙土	面积（hm²）		2 666.7	5 986.7		
	占土类面积比例（%）		30.8	69.2		
栗钙土	面积（hm²）	300.0	18 160.0	114 620.0		
	占土类面积比例（%）	0.2	13.6	86.1		
草甸土	面积（hm²）	2 906.7	8 946.7	5 206.7		
	占土类面积比例（%）	17.0	52.5	30.5		
风沙土	面积（hm²）	33.3	73.3	1 933.3		
	占土类面积比例（%）	1.6	3.6	94.8		
沼泽土	面积（hm²）	33.3	13.3	93.3		
	占土类面积比例（%）	23.8	9.5	66.7		
合计	面积（hm²）	3 273.3	30 200.0	128 666.7		
	占土类面积比例（%）	2.0	18.6	79.4		

表 4-15 不同土壤类型微量元素铁养分分级面积

土类	项目	>20 mg/kg	10～20 mg/kg	4.5～10 mg/kg	2.5～4.5 mg/kg	≤2.5 mg/kg
灰色森林土	面积（hm²）	106.7	353.3	20.0		
	占土类面积比例（%）	22.3	73.2	4.4		
棕壤	面积（hm²）	266.7	340.0	73.3		
	占土类面积比例（%）	38.9	49.8	11.2		
黑钙土	面积（hm²）	5 200.0	3 340.0	106.7		
	占土类面积比例（%）	60.1	38.6	1.3		

（续）

土类	项目	>20 mg/kg	10~20 mg/kg	4.5~10 mg/kg	2.5~4.5 mg/kg	≤2.5 mg/kg
栗钙土	面积（hm²）	2 213.3	6 546.7	114 700.0	9 626.7	
	占土类面积比例（%）	1.7	4.9	86.2	7.2	
草甸土	面积（hm²）	8 413.3	5 980.0	2 446.7	226.7	
	占土类面积比例（%）	49.3	35.0	14.3	1.3	
风沙土	面积（hm²）	86.7	293.3	1 213.3	446.7	
	占土类面积比例（%）	4.3	14.5	59.4	21.8	
沼泽土	面积（hm²）	133.3	6.7			
	占土类面积比例（%）	95.2	4.8			
合计	面积（hm²）	16 420.0	16 860.0	118 560.0	10 293.3	
	占土类面积比例（%）	10.1	10.4	73.1	6.4	

表 4－16　不同土壤类型微量元素锰养分分级面积

土壤类型	项目	>30 mg/kg	15~30 mg/kg	5~15 mg/kg	1~5 mg/kg	≤1 mg/kg
灰色森林土	面积（hm²）		486.7			
	占土类面积比例（%）		100.0			
棕壤	面积（hm²）		620.0	60.0		
	占土类面积比例（%）		91.1	8.8		
黑钙土	面积（hm²）	33.3	8 613.3	6.7		
	占土类面积比例（%）	0.4	99.5	0.1		
栗钙土	面积（hm²）	186.7	52 726.7	80 040.0	120.0	
	占土类面积比例（%）	0.1	39.6	60.2	0.1	
草甸土	面积（hm²）		460.0	16 126.7	473.3	
	占土类面积比例（%）		2.7	94.5	2.8	
风沙土	面积（hm²）		333.3	1 673.3	33.3	
	占土类面积比例（%）		16.4	82.1	1.6	
沼泽土	面积（hm²）			133.3		
	占土类面积比例（%）			100.0		
合计	面积（hm²）	220.0	63 246.7	98 046.7	626.7	
	占土类面积比例（%）	0.14	39.01	60.47	0.39	

表 4－17　不同地力等级微量元素养分含量

单位：mg/kg

地力等级		一级地	二级地	三级地	四级地	五级地	平均值
硼	变幅	0.056~1.199	0.059~0.955	0.033~0.842	0.032~1.128	0.059~1.02	0.344
	平均值	0.44	0.365	0.321	0.333	0.276	

（续）

地力等级		一级地	二级地	三级地	四级地	五级地	平均值
钼	变幅	0.017～0.275	0.017～0.258	0.017～0.373	0.022～0.357	0.016～0.236	0.063
	平均值	0.077	0.062	0.063	0.062	0.051	
锌	变幅	0.26～2.96	0.16～3.58	0.04～3.32	0.07～2.80	0.06～3.00	0.65
	平均值	0.84	0.64	0.65	0.60	0.54	
铜	变幅	0.23～5.09	0.32～3.69	0.24～7.48	0.18～5.21	0.31～1.41	0.78
	平均值	0.88	0.84	0.77	0.75	0.62	
铁	变幅	3.36～133.11	2.70～85.42	2.91～78.83	2.83～68.41	2.97～40.80	11.09
	平均值	17.03	14.71	9.79	7.88	6.96	
锰	变幅	3.90～31.25	4.46～32.72	3.35～34.98	5.41～32.19	6.01～27.26	14.84
	平均值	15.80	15.28	14.22	15.06	14.15	

1. 硼

耕地土壤的有效硼含量最大值为 1.199mg/kg，最小值为 0.032mg/kg，平均含量为 0.344mg/kg，低于临界值 0.5mg/kg。有效硼含量集中在 0.2～0.5mg/kg，占总耕地面积的 74.4%。有 146 467.4hm² 的耕地有效硼含量低于临界值，缺硼土壤占总耕地面积的 90.4%。可见翁牛特旗耕地土壤的有效硼含量处于低等水平。

各土类中，灰色森林土、黑钙土的有效硼平均含量等于临界值，其他土类低于临界值。各土类间缺硼面积的比例差别较大，有效硼含量低于临界值栗钙土面积占该土类面积的 94.1%，草甸土占 79.8%，风沙土占 92.9%，沼泽土占 60.2%，棕壤占 71%，黑钙土占 56.2%，可见翁牛特旗缺硼的耕地土壤类型主要是栗钙土。不同地力等级耕地的有效硼含量差别不大，变化不规律（图 4-5）。

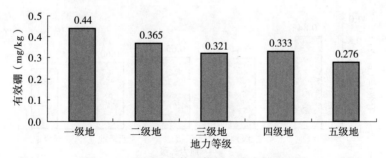

图 4-5 不同地力等级耕地土壤有效硼含量

各乡（镇、苏木）不同土壤类型和不同地力等级耕地的有效硼含量见附件。

2. 钼

土壤有效钼的平均含量为 0.063mg/kg，低于临界值 0.15mg/kg，而且变化范围较大，最低的为 0.016mg/kg，最高的达 0.373mg/kg。低于临界值的耕地面积 158 253.4hm²，占总耕地面积 97.7%，低于 0.1mg/kg 的面积 148 366.7hm²，占 91.6%，可见翁牛特旗耕地土壤有效钼含量比较低，97.7%的耕地缺钼，91.6%的耕地极缺钼。

各土类间土壤的有效钼平均含量变化不大，分级面积有一定的差别，有效钼含量低于临界值的栗钙土面积占该土类面积的99.3%，草甸土占84.7%，风沙土占97.7%，沼泽土占62.2%，棕壤占100%，黑钙土占100%。不同地力等级耕地的有效钼平均含量差别不大（图4-6）。

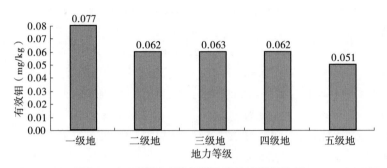

图4-6 不同地力等级耕地土壤有效钼含量

各乡（镇、苏木）不同土壤类型和不同地力等级耕地的有效钼含量见附件。

3. 锌

耕地土壤的有效锌含量范围为0.04～3.58mg/kg，平均为0.65mg/kg，高于临界值0.5mg/kg。大部分耕地的有效锌含量在0.5～1.0mg/kg，占总耕地面积的44.7%，含量在0.3～0.5mg/kg的面积占总耕地面积的34.6%，可见，翁牛特旗耕地土壤的有效锌含量有高有低。

各土类间，沼泽土的有效锌平均含量最高，为0.799mg/kg，灰色森林土最低，为0.482mg/kg。不同地力等级耕地的有效锌含量有一定的差异，但变化无规律，一、二、三级地略高于四级地和五级地（图4-7）。

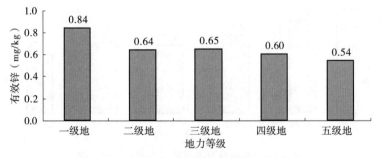

图4-7 不同地力等级耕地土壤有效锌含量

各乡镇不同土壤类型、不同地力等级耕地的有效锌含量见附件。

4. 铜

有效铜含量范围为0.18～7.48mg/kg，平均含量为0.78mg/kg，远高于临界值0.2mg/kg，全部耕地的有效铜含都大于临界值，其中大于1.8mg/kg的面积3 273.3hm²，占该土类面积的2.0%，0.2～1.0mg/kg的面积为128 666.7hm²，占该土类面积的79.4%，没有有效铜含量低于0.2mg/kg的耕地，说明翁牛特旗耕地土壤的有效铜含量较高。

各土类间有效铜含量变化较大，沼泽土高于其他土类。分级面积中，棕壤有效铜含量大于 1.8mg/kg 的面积占土类面积的 23.8%，栗钙土最低，占 0.2%，不同地力等级耕地的有效铜含量变化不大（图 4-8）。各乡（镇、苏木）不同土壤类型、不同地力等级耕地的有效铜含量见附件。

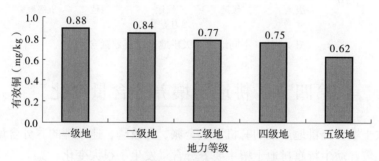

图 4-8　不同地力等级耕地土壤有效铜含量

5. 铁

土壤有效铁含量为 2.699～133.114mg/kg，平均含量 11.09mg/kg，远高于临界值 2.5mg/kg，大部分耕地的有效铁含量大于 4.5mg/kg，占该土类面积的 73.1%，有 10.1% 的耕地有效铁含量大于 20mg/kg，说明翁牛特旗耕地土壤的有效铁含量很高。

不同土壤类型、不同地力等级的耕地有效铁含量差别较大，沼泽土、黑钙土的有效铁平均含量高于其他土类；地力等级高，有效铁含量也高（图 4-9）。各乡（镇、苏木）不同土壤类型和不同地力等级耕地的有效铁含量见附件。

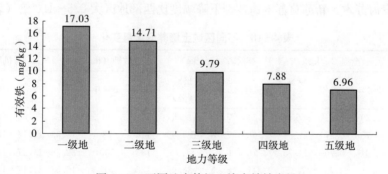

图 4-9　不同地力等级土壤有效铁含量

6. 锰

耕地土壤的有效锰含量变化幅度不大，平均含量 14.84mg/kg，远高于临界值 7.0mg/kg，其中 39.15% 的耕地有效锰含量大于 15mg/kg，可见翁牛特旗耕地土壤的有效锰含量也很高。

不同土壤类型、不同地力等级的耕地有效锰含量差别不大。各乡镇不同土壤类型和不同地力等级的有效铁含量见附件（图 4-10）。

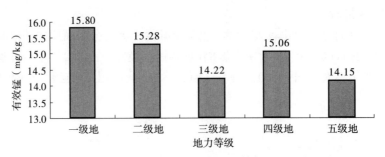

图 4-10　不同地力等级耕地土壤有效锰含量

第四节　耕地土壤养分含量变化

　　将第二次土壤普查耕地土壤的有机质、全氮、有效磷、速效钾的养分含量与本次检测分析结果相比较，翁牛特旗耕地土壤主要养分含量发生了很大变化。

一、不同区域土壤养分含量变化

　　全旗不同区域耕地土壤养分含量总体呈上升趋势。有机质、全氮、有效磷含量都不同程度地上升，只有速效钾含量普遍下降。东部地区有机质含量上升幅度较大，上升幅度在4%～97%，中、西部地区除桥头镇下降以外，其他乡（镇、苏木）上升幅度稍小，幅度在3.66%～5.77%。东部地区高于西部地区1～20倍；东部地区全氮含量除新苏莫苏木下降外，其他乡（镇、苏木）上升幅度大于西部地区（亿合公镇下降）5～10倍；有效磷含量增加幅度81.75%～746.83%；速效钾含量下降幅度东部地区比西部地区大，阿什罕苏木、白音套海苏木、新苏莫苏木速效钾下降幅度比西部地区大0.5～1.0倍（表4-18）。

表 4-18　不同区域土壤养分含量变化

乡（镇、苏木）	全氮（g/kg）			有效磷（mg/kg）			速效钾（mg/kg）			有机质（g/kg）		
	1986年	2007年	增减（%）	1986年	2007年	增减（%）	1986年	2007年	增减（%）	1986年	2007年	增减（%）
亿合公镇	1.30	1.21	−6.92	3.61	7.90	118.84	109	99	−9.17	22.86	20.98	−8.22
广德公镇	0.78	0.87	11.54	2.63	7.78	195.82	116	98	−15.52	13.14	13.63	3.73
五分地镇	0.61	0.70	14.75	3.78	6.87	81.75	133	103	−22.56	11.27	11.92	5.77
乌丹镇	0.68	0.73	7.35	3.41	8.05	136.07	133	107	−19.55	11.17	11.86	6.18
梧桐花镇	0.63	0.73	15.87	2.17	6.62	205.07	109	79	−27.52	10.65	11.04	3.66
桥头镇	0.62	0.77	24.19	3.02	7.26	140.40	103	97	−5.83	12.41	11.85	−4.51
解放营乡	0.42	0.70	66.67	2.00	6.27	213.50	107	104	−2.80	9.89	11.09	12.13
乌敦套海镇	0.33	0.67	103.03	1.26	10.67	746.83	103	90	−12.62	6.16	9.97	12.13
海日苏镇	0.46	1.02	121.74	2.38	10.88	357.14	140	110	−21.43	9.76	19.26	97.34
阿什罕苏木	0.28	0.48	71.43	1.99	8.46	325.13	96	64	−33.33	4.81	7.89	64.03
新苏莫苏木	0.77	0.70	−9.09	3.16	6.13	93.99	166	91	−45.18	11.02	11.47	4.08
白音套海苏木	0.47	0.63	34.04	2.37	16.96	615.47	87	55	−36.78	5.87	10.19	73.59
平均	0.69	0.81	17.39	2.85	7.61	167.02	117	96	17.95	12.24	13.07	6.78

（一）有机质含量变化

不同区域有机质含量变化不尽相同，总体来说中西部变化不大，亿合公镇有机质含量下降幅度达 8.22％，但总体含量在全旗仍属最高。其余乡（镇、苏木）有机质含量均呈稳中有升趋势，几乎处于同一水平。解放营乡有机质含量上升幅度大于全旗平均值 1 倍左右。桥头镇下降了 4.51％，乌敦套海镇以东地区（包括乌敦套海镇、阿什罕苏木、海日苏镇、白音套海苏木、新苏莫苏木）耕地土壤有机质含量呈大幅度上升趋势，上升幅度在 4.08％～97.34％，其中新苏莫苏木有机质含量与 1986 年持平，海日苏镇上升幅度最大，上升了接近 1 倍（图 4 - 11）。

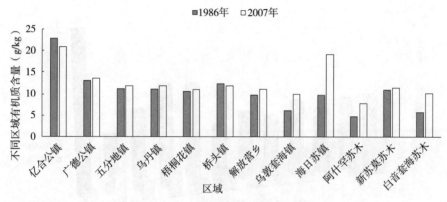

图 4 - 11　不同区域有机质含量变化

（二）氮含量变化

氮含量变化趋势与有机质含量变化情况基本相同，西部亿合公镇全氮含量由 1986 年的 1.30g/kg 下降到 1.21g/kg，下降了 6.92％。呈缓慢下降趋势。中部地区的解放营乡土壤全氮含量上升幅度最大，上升了 66.67％。乌丹镇上升幅度最小，只有 7％左右，其余乡镇全氮含量呈恢复性缓慢上升趋势。而东部地区耕地土壤全氮含量有 4 个乡（镇、苏木）上升，幅度在 34.04％～121.74％，海日苏镇上升幅度最大，上升了 1 倍左右，白音套海苏木上升了 1/3 左右，新苏莫苏木下降了 9.09％（图 4 - 12）。

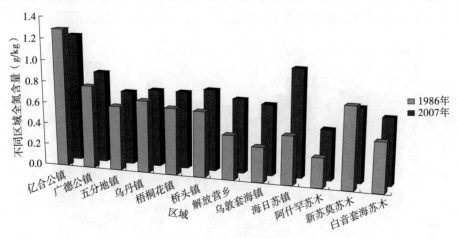

图 4 - 12　不同区域全氮含量变化

（三）有效磷含量变化

全旗耕地土壤有效磷含量全部大幅度上升。中西部地区的亿合公镇、广德公镇、五分地镇、乌丹镇、桥头镇、解放营乡由 1986 年的 2.0mg/kg 上升到 8.05mg/kg，平均上升了 1 倍。属于上升幅度较大区域。解放营乡土壤有效磷含量上升幅度最大，上升了213.50%。五分地镇上升幅度最小，只有 81.75%，其余乡镇上升幅度均在 140%～200%。东部地区有效磷含量上升幅度在 93.99%～746.83%，变幅较大。新苏莫苏木上升幅度最小，上升了接近 1 倍；乌敦套海镇上升幅度最大，为全旗之冠，上升幅度接近 8 倍。其他乡（镇、苏木）上升幅度都在 3～7 倍，为快速上升趋势（图 4-13）。

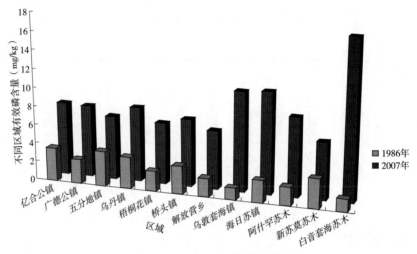

图 4-13 不同区域有效磷含量变化

（四）速效钾含量变化

全旗耕地土壤速效钾含量普遍呈下降趋势。西部区亿合公镇速效钾含量下降幅度较小，接近 10%，为缓慢下降。中部地区速效钾含量下降以梧桐花镇最大，达到 27% 以上，其次是五分地镇、乌丹镇，属于较快下降。速效钾含量下降幅度最小的是解放营乡，只有2.80%。东部地区速效钾含量下降幅度在 12.62%～45.18%，下降幅度也大于西部地区。阿什罕苏木、白音套海苏木、新苏莫苏木下降幅度在 30%～50%，呈快速下降趋势（图4-14）。

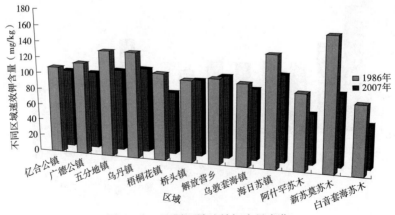

图 4-14 不同区域速效钾含量变化

二、不同土壤类型养分含量变化

全旗耕地土壤不同土壤类型养分含量总体呈稳中有升趋势。有机质含量由 1986 年的 12.24g/kg 增加到 2007 年的 13.07g/kg，上升了 6.78%，稍有上升；全氮含量由 1986 年的 0.69g/kg 增加到 2007 年的 0.81g/kg，上升了 17.39%；有效磷含量由 1986 年的 2.85mg/kg 提高到 2007 年的 7.61mg/kg，提高了 167.02%，速效钾含量由 1986 年的 117mg/kg 减少到 2007 年的 96mg/kg，下降了 17.95%，低于全旗平均值（表 4-19）。

表 4-19　不同土壤类型养分含量变化

土壤类型	全氮（g/kg）			有效磷（mg/kg）			速效钾（mg/kg）			有机质（g/kg）		
	1986 年	2007 年	增减（%）	1986 年	2007 年	增减（%）	1986 年	2007 年	增减（%）	1986 年	2007 年	增减（%）
灰色森林土	2.36	1.24	−47.41	2.36	8.54	261.86	137	96	−29.93	44.80	21.47	−52.08
棕壤	1.04	1.37	31.73	4.25	9.51	123.76	121	117	−3.3	18.76	24.35	29.80
黑钙土	2.40	1.57	−34.58	2.09	9.11	335.89	122	112	−8.20	36.51	29.67	−18.73
栗钙土	0.59	0.77	30.51	3.08	7.09	130.19	101	96	−4.95	11.36	12.13	6.78
草甸土	0.69	0.71	2.90	5.56	10.68	92.00	134	89	−33.58	11.43	11.69	2.27
风沙土	0.50	0.63	26.00	2.42	8.28	242.15	95	88	−7.36	6.99	9.98	42.78
沼泽土	2.86	2.63	−8.04	11.00	16.96	54.18	205	123	−40.00	54.02	42.10	−22.07
平均	0.69	0.81	17.39	2.85	7.61	167.02	117	96	−17.95	12.24	13.07	6.78

1. 灰色森林土

该土类土壤养分含量总的趋势是下降。有机质含量由 1986 年的 44.80g/kg 减少到 2007 年的 21.47g/kg，下降了 52.08%；全氮含量由 1986 年的 2.36g/kg 减少到 2007 年的 1.24g/kg，下降了近一半；有效磷含量由 1986 年的 2.36mg/kg 提高到 2007 年的 8.54mg/kg，提高了 261.86%；速效钾含量由 1986 年的 137mg/kg 减少到 2007 年的 96mg/kg，下降了近 30%。

2. 棕壤

该土类土壤养分含量总的趋势是在上升。有机质含量由 1986 年的 18.76g/kg 增加到 2007 年的 24.35g/kg，上升了近 30%；全氮含量由 1986 年的 1.04g/kg 增加到 2007 年的 1.37g/kg，上升了 31.7%；有效磷含量由 1986 年的 4.25mg/kg 提高到 2007 年的 9.51mg/kg，提高了 123.76%；速效钾含量由 1986 年的 121mg/kg 增加到 2007 年的 117mg/kg，基本持平。

3. 黑钙土

该土类土壤养分含量中有机质含量由 1986 年的 36.51g/kg 减少到 2007 年的 29.67g/kg，下降了 18.73%；全氮含量由 1986 年的 2.40g/kg 减少到 2007 年的 1.57g/kg，下降了 34.58%；有效磷含量由 1986 年的 2.09mg/kg 提高到 2007 年的 9.11mg/kg，提高了近 3.5 倍；速效钾含量由 1986 年的 122mg/kg 减少到 2007 年的 112mg/kg，稍有下降。该土类土壤养分含量总的趋势是下降，但下降幅度较其他土类稍小。

4. 栗钙土

该土类土壤养分含量变化趋势是上升（除速效钾外）。有机质含量由 1986 年的 11.36g/kg 增加到2007 年的 12.13g/kg，上升了 6.78%，稳中有升；全氮含量由 1986 年 的 0.59g/kg 增加到 2007 年的 0.77g/kg，上升了 30.51%；有效磷含量由 1986 年的 3.08mg/kg 提高到 2007 年的 7.09mg/kg，提高了 130.19%；速效钾含量由 1986 年的 101mg/kg 减少到 2007 年的 96mg/kg，接近全旗平均值。

5. 草甸土

该土类土壤养分含量变化趋势是除速效钾下降外其他养分基本保持原来水平。有机质、全氮含量由1986 年的 11.43g/kg 和 0.69g/kg 增加到 2007 年的 11.69g/kg 和 0.71g/kg，上升了 2.27% 和 2.90%，基本持平；有效磷含量由 1986 年的 5.56mg/kg 提高到 2007 年的 10.68mg/kg，提高了 92.09%；速效钾含量由 1986 年的 134mg/kg 减少到 2007 年的 89mg/kg，下降了 33.58%，低于全旗平均值。

6. 风沙土

有机质含量由 1986 年的 6.99g/kg 增加到 2007 年的 9.98g/kg，上升了 42.78%；全氮含量由 1986 年的 0.50g/kg 增加到 2007 年的 0.63g/kg，上升了 26.00%；有效磷含量由 1986 年的 2.42mg/kg 提高到 2007 年的 8.28mg/kg，提高了 242.15%；速效钾含量由 1986 年的 95mg/kg 减少到 2007 年的 88mg/kg，下降了 7.36%，低于全旗平均值。

7. 沼泽土

有机质含量由 1986 年的 54.02g/kg 减少到 2007 年的 42.10g/kg，下降了 22.07%；全氮含量由 1986 年的 2.86g/kg 减少到 2007 年的 2.63g/kg，下降了 8.04%；有效磷含量由 1986 年的 11.00mg/kg 升高到 2007 年的 16.96mg/kg，提高了 54.18%；速效钾含量由 1986 年的 205mg/kg 减少到 2007 年的 123mg/kg，下降了 40.00%。

不同土壤类型养分含量变化趋势见图 4 - 15 至图 4 - 18。

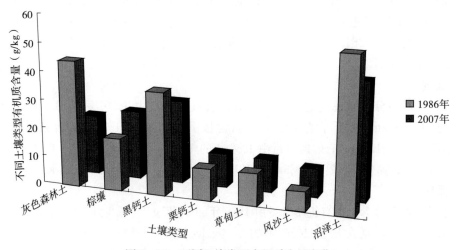

图 4 - 15　不同土壤类型有机质含量变化

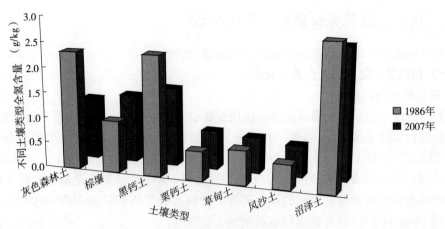

图 4-16 不同土壤类型全氮含量变化

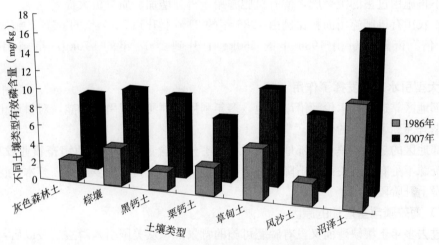

图 4-17 不同土壤类型有效磷含量变化

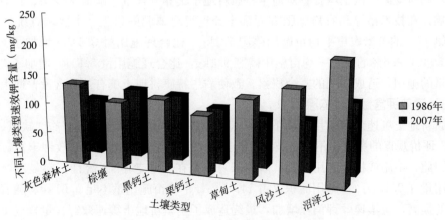

图 4-18 不同土壤类型速效钾含量变化

三、耕地土壤养分含量变化原因分析

对本次调查统计分析数据与 1986 年数据进行比较。

(一) 有机质、氮含量上升的主要原因

1. 有机肥资源的投入

(1) 资源量增加、肥料质量提高，施用面积扩大，施用量上升。改革开放以来，翁牛特旗不断进行农业产业结构调整，养殖业发展速度快速上升，全旗大小畜禽饲养量由 1986 年的 74.5 万头（只）增加到 2007 年的 265 万头（只），增长了 3.5 倍。家禽饲养量由 1986 年的 153.4 万只增加到 2007 年的 1 240 万只，增长了 8 倍。全旗新建沼气池 6 521 座。这些都为种植业提供了大量的有机肥源。全旗有机肥积造量由 1986 年的 104 万 t 上升到 2007 年的 340 万 t，有机肥积造量增加 2.27 倍。

(2) 农民为了减少运输重量、撒施的劳动强度等，对有机肥的积造方法进行了较大的改进，不再施用过去的土杂肥，使有机肥施用量得到增加、质量极大提高。

(3) 农田有机肥施用面积比例由 1986 年的 31％上升到 2007 年的 66％；施用面积增加 1.13 倍。亩施用量由 1986 年的 560kg 上升到 2007 年的 970kg，亩施用量增加 0.73 倍。

2. 大型引水工程发挥了作用

东部地区靠近西拉木伦河沿岸耕地，多年利用幸福河灌区引洪淤灌，对耕地土壤有机质含量上升起到了极大的作用。

西部地区的亿合公镇和中部地区的桥头镇有机质含量下降，与两镇畜牧业发展缓慢、有机肥资源不足有直接关系，下降趋势将会持续一段时间，其他乡（镇、苏木）仍属于恢复性缓慢上升阶段。

(二) 有效磷含量增加的原因

在过去多年土壤缺磷而又没有磷肥可施的背景下，从美国引入磷酸二铵以后，农民对施用磷酸二铵的初始增产作用有着极深的印象，因此施用面积、范围较广泛，施用量也逐年增加，同时受第二次土壤普查对翁牛特旗耕地土壤养分含量"缺氮、少磷、钾有余"评价的影响，在技术指导和农户施肥方面都十分重视对磷肥的投入。本次调查统计结果显示，全旗 77％的玉米农户平均亩施用磷肥 7.1kg，比合理施用量 5.91kg 增加了 2.69kg，增加近 50％，9.6％的农户平均亩施用磷肥 9.4kg，比合理施用量 5.91kg 增加了 3.49kg，连年超量的施用，造成磷肥的富余积累，致使翁牛特旗耕地土壤有效磷含量普遍上升。

(三) 速效钾含量下降的原因

全旗耕地土壤速效钾含量普遍下降。其直接原因就是第二次土壤普查"缺氮、少磷、钾有余"评价观点的影响，不论是技术人员还是农民，都认为土壤中速效钾丰富、可以不施钾。因此，不施或极少施用钾肥。多年来一直是在"吃老本"。统计资料显示，平均年钾肥施用量在 0.15 万 t，施用面积仅占 14.15％，平均亩施用量不足 0.61kg。随着单位面积产量的提高，土壤速效钾消耗增加，最终造成了全旗耕地土壤速效钾含量普遍下降的局面。少量施用钾肥大多在中、西部地区，所以中、西部地区耕地土壤速效钾含量下降幅度小于东部地区。

（四）政策原因

耕地使用政策的改变和相对稳定提高了农民用地、养地和耕地改良、推广施用新技术的积极性。耕地承包期延长，促使农民向耕地增加投入的信心和决心。大力修造水平梯田，客土压碱，引进使用各种地膜覆盖、新型灌溉方式等新技术和现代化新型农业机械，对提高耕地养分含量起到了极大的促进作用。

第五节　耕地土壤的其他属性

一、土壤盐碱化状况

翁牛特旗东部草甸区地势低平。由于气候干旱、年蒸发量大，地下水位浅、地下水极易沿毛管上升到地表、沙丘堵塞、排水不畅，地下水矿化度较高等，造成土壤盐碱化程度比较高，以苏达型为主。全旗盐化耕地面积达 9 247.1hm² ，占总耕地面积的5.7%。盐化土壤主要是草甸土，具有草甸土的基本特征，占草甸土耕地面积的54.2%（表4-20）。

表4-20　不同盐化程度草甸土面积

土壤类型	项目	非盐化	轻度盐化	中度盐化
草甸土	面积（hm²）	7 813.7	8 360.4	886.7
	比例（%）	45.80	49.00	5.20

耕地地力等级与土壤的盐化程度密切相关（表4-21、图4-19），随着盐化程度的提高，耕地地力下降。

表4-21　各等级耕地不同盐化程度土壤面积

地力等级	盐化程度	非盐化	轻度盐化	中度盐化
一级地	面积（hm²）	15 862.6	4 480.0	26.7
	比例（%）	77.88	21.99	0.13
二级地	面积（hm²）	36 185.3	1 593.4	66.7
	比例（%）	95.61	4.21	0.18
三级地	面积（hm²）	43 269.7	5 366.9	200.0
	比例（%）	88.60	10.99	0.41
四级地	面积（hm²）	36 942.3	0.00	533.4
	比例（%）	98.58	0.00	1.42
五级地	面积（hm²）	17 330.4	220.0	60.0
	比例（%）	98.41	1.25	0.34

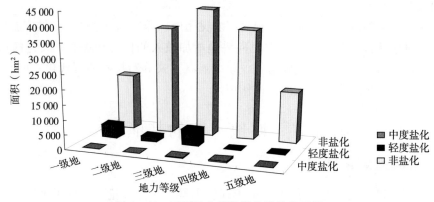

图 4-19 不同地力等级耕地的盐化面积

翁牛特旗耕地土壤的 pH 较高（表 4-22）。

表 4-22 各土类耕地土壤 pH 分级

土类	项目	<7.0	7.0～7.5	7.5～8.0	8.0～8.5	8.5～9.0	>9.0
草甸土	面积（hm²）				2 913.5	13 328.6	820.0
	占土类面积比例（%）				17.08	78.12	4.80
风沙土	面积（hm²）				620.0	1 047.8	13.3
	占土类面积比例（%）				30.38	68.97	0.65
黑钙土	面积（hm²）	3 573.5	1 286.7	986.7	2 792.3	13.3	
	占土类面积比例（%）	41.30	14.87	11.40	32.27	0.16	
灰色森林土	面积（hm²）	73.3	26.7	86.7	299.4		
	占土类面积比例（%）	15.08	5.49	17.84	61.59		
栗钙土	面积（hm²）		500.0	666.7	79 110.6	52 739.7	60.0
	占土类面积比例（%）		0.38	0.50	59.45	39.63	0.04
沼泽土	面积（hm²）				91.8	47.6	
	占土类面积比例（%）				65.85	34.15	
棕壤	面积（hm²）	173.3	73.3	106.7	325.9		
	占土类面积比例（%）	25.52	10.79	15.71	47.98		

翁牛特旗大部分耕地土壤的 pH 都大于 8.0，土壤呈碱性。不同土壤类型 pH 差异较大，灰色森林土、黑钙土、棕壤的 pH 相对较低，pH 小于 7.0 的土壤面积分别占土类面积的 15.28%、41.33%、25.49%；草甸土、风沙土、栗钙土、沼泽土的 pH 较高，大于 8.5% 的面积分别占土类面积的 82.83%、69.00%、39.64%、23.08%。

不同地力等级耕地的 pH 差别较大（表 4-23）。

表 4-23　各等级耕地土壤 pH 分级

地力等级	含量（g/kg）	<7.0	7.0~7.5	7.5~8.0	8.0~8.5	8.5~9.0	>9.0
一级地	面积（hm²）	1 306.7	500.0	666.7	8 635.5	9 247.1	13.3
	比例（%）	6.42	2.45	3.27	42.39	45.40	0.07
二级地	面积（hm²）	2 360.1	1 300.0	460.0	17 037.8	16 614.2	73.3
	比例（%）	6.24	3.44	1.22	45.02	43.90	0.18
三级地	面积（hm²）	153.3	80.0	246.7	25 218.4	22 654.7	483.5
	比例（%）	0.31	0.16	0.51	51.64	46.39	0.99
四级地	面积（hm²）		6.7	473.4	26 268.0	10 486.2	241.4
	比例（%）		0.02	1.26	70.09	27.98	0.65
五级地	面积（hm²）				8 993.8	8 534.8	81.8
	比例（%）				51.07	48.46	0.47

随着 pH 的提高，耕地地力下降。在一、二级地中 pH 小于 8.5 的面积占 55% 左右。随着 pH 的逐渐升高，土壤等级逐渐较低，三、五级地中 45.00% 以上的耕地 pH 大于 8.5。

二、土壤质地

翁牛特旗耕地土壤质地以壤土和沙土为主（表 4-24）。

表 4-24　各土壤类型耕地不同土壤质地

土类	项目	沙土	壤土
草甸土	面积（hm²）	13 607.3	3 454.8
	占土类面积比例（%）	79.75	20.25
风沙土	面积（hm²）	2 041.4	
	占土类面积比例（%）	100.00	
黑钙土	面积（hm²）		8 652.5
	占土类面积比例（%）		100.00
灰色森林土	面积（hm²）		486.1
	占土类面积比例（%）		100.00
栗钙土	面积（hm²）	21 054.4	112 022.6
	占土类面积比例（%）	15.82	84.18
沼泽土	面积（hm²）		139.4
	占土类面积比例（%）		100.00
棕壤	面积（hm²）	46.7	632.5
	占土类面积比例（%）	6.88	93.12
合计	面积（hm²）	36 749.5	125 387.9
	占土类面积比例（%）	22.60	77.33

壤土质地的耕地面积125 421.8hm², 占总耕地面积的77.4%, 沙土质地耕地面积36 715.2hm², 占总耕地面积的22.6%。不同土壤类型的质地差异较大, 沼泽土、黑钙土、灰色森林土均是壤土; 风沙土全部是沙土; 草甸土以沙土为主, 沙土占草甸土的79.76%; 栗钙土、棕壤以壤土为主, 壤土分别占其土类的84.18%、92.16%, 其余是沙土。

不同地力等级耕地土壤质地均以壤土为主, 差别不是很大。其中一、二、四、五级地72.52%~90.92%的耕地以壤土为主, 只有三级耕地约有1/3为沙土质地 (表4-25)。

表4-25　各等级耕地不同质地土壤面积

地力等级	项目	壤土	沙土
一等地	面积 (hm²)	15 654.1	4 713.6
	比例 (%)	76.98	23.18
二等地	面积 (hm²)	30 741.5	7 100.4
	比例 (%)	81.32	18.78
三等地	面积 (hm²)	32 201.6	16 634.2
	比例 (%)	66.01	34.10
四等地	面积 (hm²)	34 035.0	3 440.2
	比例 (%)	90.92	9.19
五等地	面积 (hm²)	12 754.0	4 853.6
	比例 (%)	72.52	27.60

三、阳离子交换量

翁牛特旗耕地土壤的阳离子交换量平均为14.31, 变幅为2.50~26.9 (表4-26)。

表4-26　不同土壤类型、不同地力等级耕地的阳离子交换量 (cmol/kg)

土类	项目	一等地	二等地	三等地	四等地	五等地	平均
草甸土	变幅	2.50~20.8	3.5~20.4	3.3~18.4	5.6~13.9	9.5~13.4	11.03
	平均	11.68	11.2	10.79	10.09	10.61	
风沙土	变幅	7.8~16.1	5.8~17.7	7.5~15.9	6.1~14.1	8.5~15.1	11.09
	平均	11.31	10.71	11.00	11.19	11.47	
黑钙土	变幅	17.1~22.9	16~22.8	10.4~22.7	10.4~20.2	10.3~15.4	19.53
	平均	20.02	20.56	18.58	16.15	11.72	
灰色森林土	变幅	19.4~21.5	15.1~26.9	12.2~21.0	12.9~17		17.34
	平均	20.38	18.7	15.81	14.76		
栗钙土	变幅	8.2~23.3	7.5~24.1	7.8~24.3	8.6~24.6	7.5~20.4	14.31
	平均	14.19	14.69	14.15	14.52	13.82	
沼泽土	变幅	3.5~16.8	3.2~14.5	2.6~13.8	10.2	9.9~10.3	9.37
	平均	12.2	8.88	7.55	10.2	10.2	

（续）

土类	项目	一等地	二等地	三等地	四等地	五等地	平均
棕壤	变幅	13.8～22.5	12.7～22.4	9.9～20.8	12.6～17.9	13.6～17.3	17.81
	平均	19.38	18.87	16.03	15.62	14.92	
平均		15.01	15.0	13.7	14.41	13.58	14.31

不同土壤类型的阳离子交换量差异较大，位于西部高海拔地区的黑钙土的阳离子交换量最高，平均为 19.53cmol/kg。位于东部地区的草甸土、风沙土的阳离子交换量较低，平均为 11.03cmol/kg 和 11.09cmol/kg。不同地力等级之间差异不大，一、二级地的阳离子交换量较高，平均为 15.01cmol/kg 和 15.0cmol/kg，其他地力等级比较接近。

四、质地构型

质地构型指不同土层之间的质地构造，是评价耕地地力的主要指标之一。翁牛特旗耕地土壤的质地构型有 3 种类型（表 4 - 27）：薄层型、通体壤、通体沙，其中以通体壤为主，耕地面积 123 712.9hm²，占总耕地面积的 76.36%，通体沙的耕地面积 36 188.5hm²，占耕地的 22.34%，薄层型的耕地面积 2 053.4hm²，占总耕地面积的 1.27%。不同地力等级耕地的质地构型都有不同分布比例。

表 4 - 27　不同地力等级耕地的质地构型

质地构型		薄层型	通体壤	通体沙
一级地	面积（hm²）	366.7	15 382.4	4 620.2
	占一级地比例（%）	1.80	75.52	22.68
二级地	面积（hm²）	400.0	30 418.4	7 027.0
	占二级地比例（%）	1.06	80.38	18.56
三级地	面积（hm²）	380.0	32 089.1	16 367.5
	占三级地比例（%）	0.78	65.71	33.51
四级地	面积（hm²）	540.0	33 502.2	3 433.5
	占四级地比例（%）	1.44	89.40	9.16
五级地	面积（hm²）	366.7	12 503.5	4 740.2
	占五级地比例（%）	2.08	71.00	26.92
合计	面积（hm²）	2 053.4	123 895.6	36 188.4
	占总耕地比例（%）	1.27	76.41	22.32

第五章

耕 地 地 力

    根据翁牛特旗的实际情况，选择了 16 个对耕地地力影响较大的因素，建立了评价指标体系，应用模糊数学法和层次分析法计算各评价因素的隶属度和组合权重，应用加法模型计算耕地地力综合指数，应用累积频率曲线法将翁牛特旗的耕地分为 5 个等级，并按照《全国耕地类型区、耕地地力等级划分》（NY/T 309—1996）标准将评价结果归入农业农村部地力等级体系。全旗及各乡（镇、苏木）不同地力等级的耕地面积统计结果见表 5-1。

表 5-1　不同地力等级耕地面积统计

地区	项目	合计	一级地	二级地	三级地	四级地	五级地
全旗合计	面积（hm²）	162 137.4	20 369.3	37 845.4	48 836.6	37 475.7	17 610.4
	比例（%）	100	12.56	23.34	30.12	23.12	10.86
乌丹镇	面积（hm²）	23 683.9	2 561.8	3 857.0	7 527.8	6 907.5	2 829.8
	比例（%）	14.61	10.81	16.29	31.78	29.17	11.95
广德公镇	面积（hm²）	17 734.2	893.4	2 786.8	4 126.9	9 467.1	460.0
	比例（%）	10.94	5.04	15.71	23.27	53.39	2.59
五分地镇	面积（hm²）	22 794.5	340.0	826.7	5 080.3	9 253.8	7 293.7
	比例（%）	14.06	1.49	3.63	22.29	40.59	32.00
解放营子乡	面积（hm²）	9 033.8	2 486.8	2 333.5	2 093.4	1 633.4	486.7
	比例（%）	5.57	27.53	25.83	23.17	18.08	5.39
梧桐花镇	面积（hm²）	23 894.5	1 720.1	7 367.0	8 633.8	3 066.8	3 106.8
	比例（%）	14.74	7.20	30.83	36.13	12.84	13.00
乌敦套海镇	面积（hm²）	8 333.8	2 420.1	2 793.5	2 100.1	433.4	586.7
	比例（%）	5.14	29.04	33.52	25.20	5.20	7.04
海拉苏镇	面积（hm²）	1 080.0	240.0	573.4	253.3	13.3	0.0
	比例（%）	0.67	22.22	53.09	23.46	1.23	0.00
桥头镇	面积（hm²）	23 787.8	6 153.6	9 433.8	5 927.0	1 753.4	520.0
	比例（%）	14.67	25.87	39.66	24.92	7.37	2.18
亿合公镇	面积（hm²）	22 467.7	2 940.1	6 500.3	6 100.3	4 673.6	2 253.4
	比例（%）	13.86	13.09	28.93	27.15	20.80	10.03
新苏莫苏木	面积（hm²）	6 960.4	553.4	486.7	5 733.6	186.7	0.0
	比例（%）	4.30	7.95	6.99	82.38	2.68	0.00

（续）

地区	项目	合计	一级地	二级地	三级地	四级地	五级地
白音套海苏木	面积（hm²）	2 273.4	60.0	880.0	1 253.4	60.0	20.0
	比例（%）	1.40	2.64	38.71	55.13	2.64	0.88
阿什罕苏木	面积（hm²）	93.4	0.0	6.7	6.7	26.7	53.3
	比例（%）	0.058	0.0	7.17	7.17	28.59	57.07

全旗总耕地面积 162 137.4hm²，占总土地面积的 13.65%，其中一级地 20 369.3hm²，占全旗总耕地面积的 12.56%，二级地 37 845.4hm²，占 23.34%，三级地 48 836.6hm²，占 30.12%，四级地 37 475.7hm²，占 23.12%，五级地 17 610.4hm²，占 10.86%。全旗各等级耕地面积呈纺锤形对称分布。三级地耕地面积相对大一些，几乎占 1/3。一级地多分布于羊肠子河流域和冲积平原（或冲积母质）地貌类型，五级地较集中分布于沙土母质类型区。各乡（镇、苏木）总体衡量，海拉苏镇耕地地力等级相对较高，有超过 75% 的耕地在二级以上，最低的是阿什罕苏木，有超过 85% 的耕地在四级以下。全旗各乡（镇、苏木）耕地地力等级按各级比例综合排序依次为海拉苏镇＞桥头镇＞乌敦套海镇＞解放营乡＞白音套海苏木＞新苏莫苏木＞乌丹镇＞亿合公镇＞梧桐花镇＞广德公镇＞五分地镇＞阿什罕苏木。

第一节　各乡（镇、苏木）耕地地力基本状况

一、乌丹镇

乌丹镇地处翁牛特旗的中部，总耕地面积 23 683.9hm²，占全旗总耕地面积的 14.61%，耕地主要分布在冲积平原和黄土丘陵地区，在沙地上也有零星分布，土壤类型以栗钙土、草甸土和风沙土为主，成土母质为各种岩性的基岩风化物、黄土、沙黄土及冲积物。共有 5 个地力等级，其中一级地 2 561.8hm²，占全镇耕地面积的 10.81%，二级地 3 857.0hm²，占 16.29%，三级地 7 527.8hm²，占 31.78%，四级地 6 907.5hm²，占 29.17%，五级地 2 829.8hm²，占 11.95%。

二、广德公镇

广德公镇地处翁牛特旗西部，耕地主要分布在黄土丘陵和低山台地，土壤类型以栗钙土为主，成土母质主要是各种岩性的基岩风化物、黄土及冲积物。耕地面积 17 734.2hm²，占全旗耕地面积的 10.94%，共评价出 5 个地力等级，其中一级地 893.4hm²，占全镇耕地面积的 5.04%，二级地 2 786.8hm²，占 15.71%，三级地 4 126.9hm²，占 23.27%，四级地 9 467.1hm²，占 53.39%，五级地 460.0hm²，占 2.59%。

三、亿合公镇

亿合公镇地处翁牛特旗最西部，耕地主要分布于低山台地，少部分零星分布在冲积平原上。土壤类型以黑钙土和栗钙土为主，还有一小部分灰色森林土和棕壤。成土母质为各种岩性的基岩风化物、黄土及冲积物。耕地面积 22 467.7hm²，占全旗总耕地面积的

13.86%，共评价出 5 个地力等级，其中一级地 2 940.1hm²，占全镇耕地面积的 13.09%，二级地 6 500.3hm²，占 28.93%，三级地 6 100.3hm²，占 27.15%，四级地 4 673.6hm²，占 20.80%，五级地 2 253.4hm²，占 10.03%。

四、五分地镇

五分地镇地处翁牛特旗西北部，耕地主要分布于黄土丘陵，少部分分布在冲积平原和低山台地。土壤类型以栗钙土为主，还有一小部分草甸土和风沙土。成土母质为黄土及坡积物，耕地面积 22 794.5hm²，占全旗总耕地面积的 14.06%，共评价出 5 个地力等级，其中一级地 340.0hm²，占全镇耕地面积的 1.49%，二级地 826.7hm²，占 3.63%，三级地 5 080.3hm²，占 22.29%，四级地 9 253.8hm²，占 40.59%，五级地 7 293.7hm²，占 32.00%。

五、梧桐花镇

梧桐花镇地处翁牛特旗中部，耕地主要分布在黄土丘陵上，在冲积平原和沙地也有零星分布。土壤类型以栗钙土为主，还有少部分的草甸土和风沙土。耕地面积 23 894.5hm²，占全旗总耕地面积的 14.74%，共评价出 5 个地力等级，其中一级地 1 720.1hm²，占全镇耕地面积的 7.20%，二级地 7 367.0hm²，占 30.83%，三级地 8 633.8hm²，占 36.13%，四级地 3 066.8hm²，占 12.84%，五级地 3 106.8hm²，占 13.00%。

六、海拉苏镇

海拉苏镇位于翁牛特旗中东部，耕地主要分布在冲积平原区，耕地面积 1 080.1hm²，占全旗总耕地面积 0.67%，是全旗耕地面积较小的一个乡镇。耕地土壤类型以草甸土为主，还有少部分的沼泽土和风沙土，共评价出 4 个地力等级，其中一级地 240.0hm²，占全镇耕地面积的 22.22%，二级地 573.4hm²，占 53.09%，三级地 253.3hm²，占 23.46%，四级地 13.3hm²，占 1.23%。

七、乌敦套海镇

乌敦套海镇位于翁牛特旗东南部的冲积平原和黄土丘陵区，耕地面积 8 333.8hm²，占全旗总耕地面积的 5.14%。耕地土壤类型以栗钙土和草甸土为主，共评价出 5 个地力等级，其中一级地 2 420.1hm²，占全镇耕地面积的 29.04%，二级地 2 793.5hm²，占 33.52%，三级地 2 100.1hm²，占 25.20%，四级地 433.4hm²，占 5.20%，五级地 586.7hm²，占 7.04%。

八、新苏莫苏木

新苏莫苏木位于翁牛特旗东部冲积平原区，耕地面积 6 960.4hm²，占全旗总耕地面积 4.30%。耕地土壤类型以草甸土为主，有部分为沼泽土和风沙土。共评价出 5 个地力等级，其中一级地 553.4hm²，占全苏木耕地面积的 7.95%，二级地 486.7hm²，占 6.99%，三级地 5 733.6hm²，占 82.38%，四级地 186.7hm²，占 2.68%。

九、白音套海苏木

白音套海苏木位于翁牛特旗东部的冲积平原区，是全旗耕地面积较小的一个苏木，面积 2 273.4hm²，占全旗总耕地面积 1.40％。耕地土壤类型以草甸土为主。共评价出 5 个地力等级，其中一级地 60.0hm²，占全苏木耕地面积的 2.64％，二级地 880.0hm²，占 38.71％，三级地 1 253.4hm²，占 55.13％，四级地 60.0hm²，占 2.64％，五级地 20.0hm²，占 0.88％。

十、阿什罕苏木

阿什罕苏木位于翁牛特旗中东部的冲积平原区，是全旗耕地面积最小的一个苏木，面积 93.4hm²，占全旗总耕地面积 0.058％。耕地土壤类型以沼泽土为主，其次为草甸土和风沙土。共评价出 4 个地力等级，没有一级地，二级地 6.7hm²，占全苏木耕地面积的 7.17％，三级地 6.7hm²，占 7.17％，四级地 26.7hm²，占 28.59％，五级地 53.3hm²，占 57.07％。

十一、解放营子乡

解放营子乡位于翁牛特旗中南部的冲积平原和黄土丘陵区，面积 9 033.8hm²，占全旗总耕地面积 5.57％。耕地土壤类型以栗钙土为主。共评价出 5 个地力等级，一级地 2 486.8hm²，占全乡耕地面积的 27.53％，二级地 2 333.5hm²，占 25.83％，三级地 2 093.4hm²，占 23.17％，四级地 1 633.4hm²，占 18.08％，五级地 486.7hm²，占 5.39％。

十二、桥头镇

桥头镇位于翁牛特旗的中南部，耕地主要分布在黄土丘陵区和冲积平原及低山台地，面积为 23 787.8hm²，占全旗总耕地面积的 14.67％。耕地土壤类型以栗钙土为主。共评价出 5 个地力等级，一级地 6 153.6hm²，占全镇耕地面积的 25.87％，二级地 9 433.8hm²，占 39.66％，三级地 5 927.0hm²，占 24.92％，四级地 1 753.4hm²，占 7.37％，五级地 520.0hm²，占 2.18％。

第二节 各等级耕地基本情况

各等级耕地的土壤养分含量见表 5-2、表 5-3、图 5-1。

表 5-2 各等级耕地土壤有机质及大量元素养分含量

地力等级	项目	有机质 (g/kg)	全 氮 (g/kg)	碱解氮 (mg/kg)	有效磷 (mg/kg)	缓效钾 (g/kg)	速效钾 (mg/kg)
一级地	变幅	6.11～52.93	0.42～2.75	33～202	3.15～38.40	152～910	28～320
	平均	16.79	0.99	91	9.90	550	110
二级地	变幅	5.43～61.01	0.31～2.85	24～235	2.36～118.00	304～1 000	36～210
	平均	15.67	0.95	87	8.30	537	100

（续）

地力等级	项目	有机质 （g/kg）	全　氮 （g/kg）	碱解氮 （mg/kg）	有效磷 （mg/kg）	缓效钾 （g/kg）	速效钾 （mg/kg）
三级地	变幅	5.22～58.08	0.35～2.29	28～231	1.44～29.70	172～887	17～201
	平均	12.00	0.75	72	7.50	540	93
四级地	变幅	5.26～19.68	0.36～1.35	36～183	0.72～24.60	278～846	27～173
	平均	12.85	0.80	71	7.00	565	100
五级地	变幅	4.77～18.30	0.35～1.29	37～150	1.0～25.4	289～709	39～138
	平均	10.79	0.68	65	5.7	559	92
平　均		13.53	0.83	77	7.7	548	98

表 5-3　各等级耕地土壤微量元素含量

微量元素	项目	一级地	二级地	三级地	四级地	五级地	平均
硼 （mg/kg）	变幅	0.056～1.199	0.059～0.955	0.033～0.842	0.032～1.128	0.059～1.020	0.344
	平均值	0.44	0.365	0.321	0.333	0.276	
钼 （mg/kg）	变幅	0.017～0.275	0.017～0.258	0.017～0.373	0.022～0.357	0.016～0.236	0.063
	平均值	0.077	0.062	0.063	0.062	0.051	
锌 （mg/kg）	变幅	0.26～2.96	0.16～3.58	0.04～3.32	0.07～2.80	0.06～3.00	0.65
	平均值	0.84	0.64	0.65	0.60	0.54	
铜 （mg/kg）	变幅	0.23～5.09	0.32～3.69	0.24～7.48	0.18～5.21	0.31～1.41	0.78
	平均值	0.88	0.84	0.77	0.75	0.62	
铁 （mg/kg）	变幅	3.36～133.11	2.70～85.42	2.91～78.83	2.83～68.41	2.97～40.80	11.09
	平均值	17.03	14.71	9.79	7.88	6.96	
锰 （mg/kg）	变幅	3.90～31.25	4.46～32.72	3.35～34.98	5.41～32.19	6.01～27.26	14.84
	平均值	15.80	15.28	14.22	15.06	14.15	

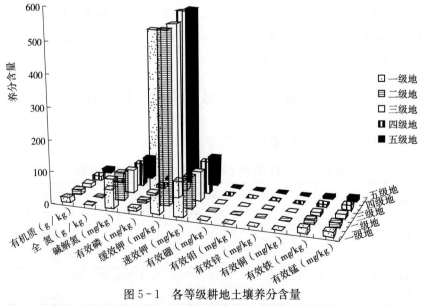

图 5-1　各等级耕地土壤养分含量

一、一级地

（一）面积与分布

翁牛特旗一级地面积 20 369.3hm²，占全旗耕地总面积的 12.56%。一级地主要是水浇地与水田，种植的作物以玉米、水稻为主。集中在桥头镇、亿合公镇、乌敦套海镇、解放营子乡、梧桐花镇、乌丹镇等冲积平原和黄土丘陵区，这 6 个乡镇的一级地面积 18 282.5hm²，占全旗一级地面积的 89.76%。其他一级地零星分布在其余 5 个乡镇，阿什罕苏木没有一级地。

（二）主要属性

一级地分布范围以冲积平原的河流一级阶地和西部浑圆中山台地顶部为主。各土壤类型均有分布，以栗钙土为主，面积 14 382.9hm²，占一级地总面积的 70.6%，其次是草甸土、黑钙土两个土类，面积比例为 16% 和 9.93%。成土母质以洪冲积物为主，土层较厚，质地主要是壤土，占一级地面积的 76.98%。沙土 4 713.6hm²，占一级地面积的 23.18%（表 4-25）。质地构型以通体型为主，面积 15 340.8hm²，占一级地面积的 75.5%。其次是通体沙，面积 413.6hm²，占一级地面积的 23.8%。土壤养分含量较高（表 5-2、表 5-3），有机质平均含量 16.79g/kg，全氮平均含量 0.99g/kg，碱解氮平均含量 91mg/kg，有效磷平均含量 9.9mg/kg，速效钾平均含量 110mg/kg，缓效钾平均含量 550mg/kg（表 4-5）；有 72.3% 的一级地有效硼低于临界值，显然一级地绝大多数土壤都缺硼；有 14.9% 的一级地有效锌含量低于临界值，其他微量元素养分含量都比较高（表 5-4、表 5-5）。

表 5-4 一级地养分分级面积统计

	含量（g/kg）	≥20.33	≥11.00~20.33	≥5.17~11.00	<5.17	
有机质	面积（hm²）	2 785.1	11 484.8	6 099.4		
	占一级地面积比例（%）	13.7	56.4	29.9		
	含量（g/kg）	≥1.22	≥0.66~1.22	≥0.31~0.66	<0.31	
全氮	面积（hm²）	2 444.2	13 743.3	4 181.8		
	占一级地面积比例（%）	12.0	67.5	20.5		
	含量（mg/kg）	≥27.84	≥8.51~27.84	≥1.94~8.51	<1.94	
有效磷	面积（hm²）	371.5	11 611.2	8 386.6		
	占一级地面积比例（%）	1.8	57.0	41.2		
	含量（mg/kg）	≥174	≥86~174	≥36~86	<36	
速效钾	面积（hm²）	821.4	15 410.2	4 000.5	137.1	
	占一级地面积比例（%）	4.0	75.7	19.6	0.7	
	含量（mg/kg）	≥1.8	≥1.0~1.8	≥0.2~1.0	≥0.1~0.2	<0.1
有效铜	面积（hm²）	993.3	5 213.3	14 126.7		
	占一级地面积比例（%）	4.9	25.6	69.5		

（续）

有效铁	含量（mg/kg）	≥20.0	≥10.0~20.0	≥4.5~10.0	≥2.5~4.5	<2.5
	面积（hm²）	4 026.7	3 173.3	12 760.0	373.3	
	占一级地面积比例（%）	19.8	15.6	62.8	1.8	
有效锌	含量（mg/kg）	≥3.0	≥1.0~3.0	≥0.5~1.0	≥0.3~0.5	<0.3
	面积（hm²）		5 906.7	11 406.7	2 986.7	33.3
	占一级地面积比例（%）		29.0	56.1	14.7	0.2
有效锰	含量（mg/kg）	≥30	≥15~30	≥5~15	≥1~5	<1
	面积（hm²）	26.7	7 966.7	12 066.7	273.3	
	占一级地面积比例（%）	0.1	39.2	59.3	1.3	
有效硼	含量（mg/kg）	≥2.0	≥1.0~2.0	≥0.5~1.0	≥0.2~0.5	<0.2
	面积（hm²）	6.7		5 620.0	13 686.7	1 020.0
	占一级地面积比例（%）	0.1		27.6	67.3	5.0
有效钼	含量（mg/kg）	≥0.30	≥0.20~0.30	≥0.15~0.20	≥0.10~0.15	<0.1
	面积（hm²）		693.3	240.0	3 146.7	16 253.3
	占一级地面积比例（%）		3.4	1.2	15.5	79.9

表5-5 不同土类各地力等级面积统计

土类	项目	一级地	二级地	三级地	四级地	五级地
草甸土	面积（hm²）	3 259.4	4 181.9	8 962.7	390.2	267.9
	占土类比例（%）	19.1	24.5	52.5	2.3	1.6
风沙土	面积（hm²）	274.9	329.7	720.9	331.8	383.8
	占土类比例（%）	13.5	16.2	35.3	16.3	18.8
黑钙土	面积（hm²）	2 023.4	4 022.2	1 938.5	615.6	52.9
	占土类比例（%）	23.4	46.5	22.4	7.1	0.6
栗钙土	面积（hm²）	14 382.9	28 961.3	36 978.3	35 907.0	16 847.5
	占土类比例（%）	10.8	21.8	27.8	27.0	12.7
沼泽土	面积（hm²）	3.2	42.4	39.8	5.2	48.7
	占土类比例（%）	2.3	30.5	28.6	3.7	35.0
棕壤	面积（hm²）	312.9	173.1	101.9	81.7	9.6
	占土类比例（%）	46.1	25.5	15.0	12.0	1.4
灰色森林土	面积（hm²）	112.5	134.7	94.6	144.3	
	占土类比例（%）	23.1	27.7	19.5	29.7	
合计		20 369.3	37 845.4	37 845.4	48 836.6	17 610.4
	比例（%）	12.6	23.3	30.1	23.1	10.9

（三）生产性能与障碍因素

一级地地面平坦，能井水灌溉，有良好的灌排系统。东部地区土层深厚，质地均一，无明显的障碍层次，灌溉保证率都能达到，充分满足。以井灌为主，老哈河、西拉木伦河沿岸及大部分水田是河水灌溉。土壤肥沃，养分含量高，土壤水、肥、气、热协调，适宜种植多种作物。种植玉米产量水平为 6 000～7 500kg/hm²。西部地区土层较薄，土质较黏重，在生产上存在冷、涝等障碍因素，个别地块易内涝，一些地区主要靠坐水点种和部分小土井灌溉。应加强深耕深松、增施有机肥等改良措施，以改善土壤结构、提高土壤肥力。在利用上存在多年连茬播种、重用轻养等问题，应通过建立合理的轮作制度和科学施肥制度等措施进一步培肥土壤，土壤养分中有机质、速效钾供给不足，同时应注重钼肥和硼肥的施用。

二、二级地

（一）面积与分布

二级地面积 37 845.4hm²，占全旗耕地面积的 23.3%，集中在桥头镇、梧桐花镇、亿合公镇、乌丹镇、广德公镇、解放营子乡、乌敦套海镇，这 7 个乡（镇）的二级地面积 35 071.9hm²，占全旗二级地面积的 92.7%。其他二级地零星不均匀分布在其余 4 个乡（镇、苏木）。

（二）主要属性

二级地主要分布在冲积平原的河流两岸低级阶地、老哈河、西拉木伦河沿岸河漫滩和西部浑圆型中山台地顶部及低山坡脚部位。各土壤类型均有分布，以栗钙土为主，面积为 28 961.3hm²，占二级地总面积的 76.5%，其次是草甸土、黑钙土，面积和比例分别为 4 181.9hm²、4 022.2hm² 和 11.0%、10.6%。成土母质以黄土母质、冲积物、坡积残积物为主。东部地区土层较厚，西部地区土层较薄。质地主要是壤土，30 741.5hm²，占二级地面积的 81.32%。沙土 7 100.4hm²，占二级地面积的 18.78%。质地构型以通体型为主。通体壤面积 30 381.5hm²，占二级地面积的 80.37%；其次是通体沙，面积 7 027.0hm²，占二级地面积的 18.59%。土壤侵蚀程度较弱，轻度以上侵蚀面积 22 274.4hm²，占二级地面积的 58.8%。无明显的障碍层次。土壤养分含量较高（表 5-2、表 5-3），有机质平均含量 15.67g/kg，全氮平均含量 0.95g/kg，碱解氮平均含量 87mg/kg，有效磷平均含量 8.3mg/kg，速效钾平均含量 100mg/kg，缓效钾平均含量 537mg/kg。微量元素中，有 87.8% 的二级地有效硼平均含量低于临界值，有 40.6% 的二级地有效锌含量低于临界值，其他微量元素养分含量都比较高（表 5-6）。

表 5-6　二级地养分分级面积统计

	含量	≥20.33	≥11.00～20.33	≥5.17～11.00	<5.17
有机质	面积（hm²）	3 568.0	24 042.2	10 235.2	
	占二级地面积比例（%）	9.4	63.5	27.0	
	含量	≥1.22	≥0.66～1.22	≥0.31～0.66	<0.31
全氮	面积（hm²）	3 607.1	28 722.4	5 511.2	
	占二级地面积比例（%）	9.5	75.9	14.6	
	含量	≥27.84	≥8.51～27.84	≥1.94～8.51	<1.94
有效磷	面积（hm²）	180.3	11 024.4	26 640.7	
	占二级地面积比例（%）	0.5	29.1	70.4	

（续）

速效钾	含量	≥174	≥86~174	≥36~86	<36	
	面积（hm²）	288.5	23 394.4	14 162.5		
	占二级地面积比例（%）	0.8	61.8	37.4		
有效铜	含量	≥1.8	≥1.0~1.8	≥0.2~1.0	≥0.1~0.2	<0.1
	面积（hm²）	1 440.0	7 366.7	28 993.3		
	占二级地面积比例（%）	3.8	19.5	76.7		
有效铁	含量	≥20.0	≥10.0~20.0	≥4.5~10.0	≥2.5~4.5	<2.5
	面积（hm²）	7 480.0	3 133.3	24 720.0	2 466.7	
	占二级地面积比例（%）	19.8	8.3	65.4	6.5	
有效锌	含量	≥3.0	≥1.0~3.0	≥0.5~1.0	≥0.3~0.5	<0.3
	面积（hm²）	6.7	4 406.7	18 066.7	11 973.3	3 346.7
	占二级地面积比例（%）	0.0	11.7	47.8	31.7	8.9
速效锰	含量	≥30	≥15~30	≥5~15	≥1~5	<1
	面积（hm²）	13.3	13 700.0	23 986.7	106.7	
	占二级地面积比例（%）	0.0	36.2	63.4	0.3	
有效硼	含量	≥2.0	≥1.0~2.0	≥0.5~1.0	≥0.2~0.5	<0.2
	面积（hm²）			4 626.7	27 173.3	6 000.0
	占二级地面积比例（%）			12.2	71.9	15.9
有效钼	含量	≥0.30	≥0.20~0.30	≥0.15~0.20	≥0.10~0.15	<0.10
	面积（hm²）		120.0	1 013.3	2 593.3	34 080.0
	占二级地面积比例（%）		0.3	2.7	6.9	90.1

（三）生产性能与障碍因素

二级地地面较平坦，大部分有较好的灌排系统。东部地区的二级地灌溉保证率都能达到充分满足。以井灌为主，老哈河、西拉木伦河沿岸及大部水田是河水灌溉。西部地区的二级地极少有灌溉能力，主要靠坐水点种和部分小土井灌溉。土层深厚，质地适中，结构良好，适宜种植多种作物。土壤养分含量高低不等（表5-2、表5-3）。产量水平一般为玉米4 500~6 000kg/hm²、水稻4 000~6 000kg/hm²、向日葵1 500~3 000kg/hm²。部分土壤有一定的障碍因素，如通体沙和薄层型的土体构型保水保肥能力较差。应加强深耕深松、增施有机肥等改良措施改善土壤结构，通过建立科学施肥制度等措施补充土壤养分，同时应注重钼肥和硼肥的施用。

三、三级地

（一）面积与分布

三级地面积48 836.6hm²，占耕地面积的30.12%，除在阿什罕苏木面积很小外，其余各乡（镇、苏木）均有分布，集中在梧桐花镇、乌丹镇、桥头镇、亿合公镇、五分地镇、广德公镇，这6个乡镇三级地的面积37 396.1hm²，占全旗三级地面积的76.57%。

(二) 主要属性

三级地主要分布在中部地区低山丘陵的坡地、东部的低洼地和沙地。各土壤类型均有分布，以栗钙土为主；成土母质主要也是黄土母质、冲积物和坡积残积物。土层较厚，三级地 2/3 的质地为壤土，1/3 为沙土。99.22％的三级地土壤质地构型为通体型，其中通体壤面积 32 028.3hm²，占三级地面积的 65.6％；其次是通体沙，面积 16 367.5hm²，占三级地面积的 33.5％。土壤侵蚀程度较弱，轻度以上侵蚀面积 20 608.1hm²，占三级地面积的 42.2％；无明显的障碍层次。土壤养分含量除有效磷外其他土壤养分含量均较低（表 5 - 2、表 5 - 3），有机质平均含量 12.00g/kg，全氮平均含量 0.75g/kg，碱解氮平均含量 72mg/kg，有效磷平均含量 7.5mg/kg，速效钾平均含量 93mg/kg，缓效钾平均含量 540mg/kg；微量元素方面：有 94.6％的三级地有效硼低于临界值，有 40.7％的三级地有效锌含量低于临界值，其他微量元素养分含量都比较高（表 5 - 7）。

表 5 - 7　三级地养分分级面积统计

有机质	含量	≥20.33	≥11.00～20.33	≥5.17～11.00	<5.17	
	面积（hm²）	1 893.8	29 616.4	17 326.4		
	占三级地面积比例（％）	3.9	60.6	35.5		
全氮	含量	≥1.22	≥0.66～1.22	≥0.31～0.66	<0.31	
	面积（hm²）	2 014.1	35 954.1	10 868.4		
	占三级地面积比例（％）	4.1	73.6	22.3		
有效磷	含量	≥27.84	≥8.51～27.84	≥1.94～8.51	<1.94	
	面积（hm²）	64.5	11 725.6	36 973.6	72.8	
	占三级地面积比例（％）	0.1	24.0	75.7	0.1	
速效钾	含量	≥174	≥86～174	≥36～86	<36	
	面积（hm²）	100.1	32 172.9	16 314.4	249.1	
	占三级地面积比例（％）	0.2	65.9	33.4	0.5	
有效铜	含量	≥1.8	≥1.0～1.8	≥0.2～1.0	≥0.1～0.2	<0.1
	面积（hm²）	833.3	10 533.3	37 413.3		
	占三级地面积比例（％）	1.7	21.6	76.7		
有效铁	含量	≥20.0	≥10.0～20.0	≥4.5～10.0	≥2.5～4.5	<2.5
	面积（hm²）	4 666.7	7 340.0	33 833.3	2 940.0	
	占三级地面积比例（％）	9.6	15.0	69.4	6.0	
有效锌	含量	≥3.0	≥1.0～3.0	≥0.5～1.0	≥0.3～0.5	<0.3
	面积（hm²）	33.3	7 486.7	21 420.0	16 820.0	3 020.0
	占三级地面积比例（％）	0.1	15.3	43.9	34.5	6.2
速效锰	含量	≥30	≥15～30	≥5～15	≥1～5	<1
	面积（hm²）	140.0	16 986.7	31 406.7	246.7	
	占三级地面积比例（％）	0.3	34.8	64.4	0.5	

（续）

	含量	≥2.0	≥1.0~2.0	≥0.5~1.0	≥0.2~0.5	<0.2
有效硼	面积（hm²）			2 606.7	38 453.3	7 713.3
	占三级地面积比例（%）			5.3	78.8	15.8
	含量	≥0.30	≥0.20~0.30	≥0.15~0.20	≥0.10~0.15	<0.1
有效钼	面积（hm²）	40.0	526.7	660.0	3 286.7	44 266.7
	占三级地面积比例（%）	0.1	1.1	1.4	6.7	90.7

（三）生产性能与主要障碍因素

低山丘陵区三级地的地面起伏较大，大部分耕地土层深厚，但土壤养分含量较低，除有效磷外，其他元素平均含量都低于全旗平均值，干旱是生产能力的主要限制因素。东部地区的三级地灌溉保证率都能达到基本满足。以井灌为主，老哈河、西拉木伦河沿岸及大部分水田是河水灌溉。西部地区的三级地极少有灌溉能力，主要靠坐水点种和部分小土井灌溉。生产性能处于中等水平，主要种植作物有玉米、谷子、高粱、杂豆等，一般单产 3 000～4 500kg/hm²，东部地区有部分水稻种植，正常年份一般单产 4 500～5 000kg/hm²。东部地区三级耕地表层质地偏沙，多数为不良的通体沙土体构型，土壤有机质含量较低，而且大部分土壤有轻度或中度盐化现象，直接影响耕地的生产能力。

四、四级地

（一）面积与分布

四级地面积 37 475.7hm²，占耕地面积的 23.11%，集中分布在以广德公镇为中心的五分地镇、亿合公镇、乌丹镇地区，四级地面积 30 302.0hm²，占四级地总面积的 80.86%。其次在梧桐花镇、桥头镇分布较多，面积为 4 820.2hm²，占全旗四级地面积的 12.86%。

（二）主要属性

四级地主要分布在中部地区低山丘陵的坡地和接近东部沙地边缘地区。各土壤类型均有分布，但主要土壤类型是栗钙土，占 7 个土壤类型的 95.8%。成土母质主要是黄土母质、冲积物和残积坡积物。土层均较厚。壤土质地面积占 90.92%。通体壤质地构型面积占 89.38%。其次是通体沙，面积占 9.19%。土壤侵蚀程度较强，轻度以上侵蚀面积 25 047.1hm²，占四级地面积的 66.8%。无明显的障碍层次。土壤养分含量与三级地接近（表 5-2、表 5-3），有机质平均含量 12.85g/kg，全氮平均含量 0.80g/kg，碱解氮平均含量 71mg/kg，有效磷平均含量 7.0mg/kg，速效钾平均含量 100mg/kg，缓效钾平均含量 565mg/kg。微量元素中，有 71.9% 的四级地有效硼含量低于临界值，有 42.2% 的四级地有效锌含量低于临界值，其他微量元素养分含量都比较高（表 5-8）。大多数四级地都无灌溉条件。

表 5-8　四级地养分分级面积统计

	含量	≥20.33	≥11.00~20.33	≥5.17~11.00	<5.17
有机质	面积（hm²）		30 260.9	7 214.8	
	占四级地面积比例（%）		80.7	19.3	

（续）

全氮	含量	≥1.22	≥0.66～1.22	≥0.31～0.66	<0.31
	面积（hm²）		31 749.9	5 716.9	
	占四级地面积比例（%）		84.7	15.3	
有效磷	含量	≥27.84	≥8.51～27.84	≥1.94～8.51	<1.94
	面积（hm²）		5 232.1	32 152.8	90.8
	占四级地面积比例（%）		14.0	85.8	0.2
速效钾	含量	≥174	≥86～174	≥36～86	<36
	面积（hm²）		26 404.6	11 048.2	22.8
	占四级地面积比例（%）		70.5	29.5	0.1

有效铜	含量	≥1.8	≥1.0～1.8	≥0.2～1.0	≥0.1～0.2	<0.1
	面积（hm²）	6.7	6 726.7	30 700.0		
	占四级地面积比例（%）	0.0	13.8	62.9		
有效铁	含量	≥20.0	≥10.0～20.0	≥4.5～10.0	≥2.5～4.5	<2.5
	面积（hm²）	173.3	2 793.3	32 533.3	1 926.7	
	占四级地面积比例（%）	0.4	5.7	66.7	3.9	
有效锌	含量	≥3.0	≥1.0～3.0	≥0.5～1.0	≥0.3～0.5	<0.3
	面积（hm²）		2 440.0	14 406.7	17 040.0	3 546.7
	占四级地面积比例（%）		5.0	29.5	34.9	7.3
速效锰	含量	≥30	≥15～30	≥5～15	≥1～5	<1
	面积（hm²）	40.0	18 746.7	18 640.0		
	占四级地面积比例（%）	0.1	38.4	38.2		
有效硼	含量	≥2.0	≥1.0～2.0	≥0.5～1.0	≥0.2～0.5	<0.2
	面积（hm²）		13.3	2 380.0	29 440.0	5 600.0
	占四级地面积比例（%）		0.0	4.9	60.4	11.5
有效钼	含量	≥0.30	≥0.20～0.30	≥0.15～0.20	≥0.10～0.15	<0.10
	面积（hm²）		60.0	160.0	893.3	36 313.3
	占四级地面积比例（%）		0.2	0.4	97.0

（三）生产性能与主要障碍因素

四级地的生产性能中等偏下，影响四级地生产能力的主要障碍因素表现在三个方面：一是干旱，二是土壤养分含量低，三是侵蚀程度较重。主要种植作物同三级地差不多，产量水平要比三级地低两三成。针对上述问题：一要通过开发水源，增加喷灌、滴灌等基础设施建设和地膜覆盖节水灌溉措施提高水分生产率；二要增施有机肥、配方施肥等逐步改善土壤结构、培肥地力；三要加大退耕还林力度，加强生态建设，最大限度地减少雨水侵蚀造成的水土流失。

五、五级地

（一）面积与分布

五级耕地面积17 610.4hm²，占总耕地面积的10.86%，除海拉苏镇和新苏莫苏木没有五级地外，五级地基本上均匀分布在全旗其他乡（镇、苏木）的黄土丘陵区，在相连接的五分地镇、乌丹镇、梧桐花镇和乌敦套海镇靠近沙地边缘呈线形相对集中分布，面积13 817.0hm²，占总耕地面积的78.46%，另一集中分布区是亿合公镇的头段地村，面积2 267.8hm²，占头段地村总耕地面积的10.1%。除灰色森林土外其他各类型土壤均有分布，主要土壤类型是栗钙土，占五级地面积的86.4%，其余为草甸土和风沙土。壤土质地面积占72.52%，沙土质地面积占27.60%。通体壤质地构型面积占71.0%；其次是通体沙，面积占27.0%。土壤侵蚀程度较重，轻度以上侵蚀面积10 870.5hm²，占五级地面积的61.7%。

（二）主要属性

五级地地貌类型全部为黄土丘陵的坡面、坡脚和低洼盐碱地。成土母质也主要是黄土母质、冲积物和坡积残积物。土层均较厚，无明显的障碍层次。土壤养分含量较低（表5-2、表5-3），有机质平均含量10.79g/kg，全氮平均含量0.68g/kg，碱解氮平均含量65mg/kg，有效磷平均含量5.7mg/kg，速效钾平均含量92mg/kg，缓效钾平均含量559mg/kg。微量元素中，有97.1%的五级地有效硼含量低于临界值，有55.5%的五级地有效锌含量低于临界值，其他微量元素养分含量都比较高（表5-9），无灌溉条件，侵蚀程度较重，靠近沙地边缘的土壤盐碱化较重。

表5-9　五级地养分分级面积统计

	含量	≥20.33	≥11.00～20.33	≥5.17～11.00	<5.17	
有机质	面积（hm²）		7 811.6	9 691.3	107.5	
	占五级地面积比例（%）		44.4	55.0	0.6	
	含量	≥1.22	≥0.66～1.22	≥0.31～0.66	<0.31	
全氮	面积（hm²）		9 881.8	7 728.4		
	占五级地面积比例（%）		56.1	43.9		
	含量	≥27.84	≥8.51～27.84	≥1.94～8.51	<1.94	
有效磷	面积（hm²）		747.6	16 089.3	773.5	
	占五级地面积比例（%）		4.2	91.4	4.4	
	含量	≥174	≥86～174	≥36～86	<36	
速效钾	面积（hm²）		10 119.2	7 491.3		
	占五级地面积比例（%）		57.5	42.5		
	含量	≥1.8	≥1.0～1.8	≥0.2～1.0	≥0.1～0.2	<0.1
有效铜	面积（hm²）		313.3	17 273.3		
	占五级地面积比例（%）		1.8	98.2		
	含量	≥20.0	≥10.0～20.0	≥4.5～10.0	≥2.5～4.5	<2.5
有效铁	面积（hm²）	46.7	400.0	14 566.7	2 573.3	
	占五级地面积比例（%）	0.3	2.3	82.8	14.6	
	含量	≥3.0	≥1.0～3.0	≥0.5～1.0	≥0.3～0.5	<0.3
有效锌	面积（hm²）		806.7	7 013.3	7 200.0	2 573.3
	占五级地面积比例（%）		4.6	39.9	40.9	14.6

（续）

	含量	≥30	≥15~30	≥5~15	≥1~5	<1
速效锰	面积（hm²）		5 766.7	11 820.0		
	占五级地面积比例（%）		32.8	67.2		
	含量	≥2.0	≥1.0~2.0	≥0.5~1.0	≥0.2~0.5	<0.2
有效硼	面积（hm²）		13.3	486.7	11 773.3	5 313.3
	占五级地面积比例（%）		0.1	2.8	66.9	30.2
	含量	≥0.30	≥0.20~0.30	≥0.15~0.20	≥0.10~0.15	<0.1
有效钼	面积（hm²）		153.3	13.3	46.7	17 373.3
	占五级地面积比例（%）		0.9	0.1	0.3	98.8

（三）生产性能与主要障碍因素

中西部五级地地势不平，地下水位高，土壤盐碱化程度严重。土壤养分含量低、干旱缺水是制约生产的主要因素。土壤中的盐碱含量高，不仅直接危害作物生长，而且破坏土壤结构，造成土壤理化形状差，表现在土壤板结，养分贫瘠，易干旱，在雨季又容易积水，形成内涝，土壤水、肥、气、热不协调。因此，五级地的生产性能低，只能种一些相对比较耐贫瘠、耐干旱、耐盐碱的作物，如谷子、高粱、荞麦、小杂豆等，产量水平一般为1 500~2 250kg/hm²。在五级地地区，一方面要加强水利设施建设，建立健全的排灌系统，科学调控农田用水，逐步降低地下水位，防止土壤返盐；另一方面要应用农艺、生物、化学等综合措施，逐步改善土壤结构，培肥地力，为土壤创造协调的水、肥、气、热环境条件，促进土壤脱盐，逐步提高耕地的生产能力。

第六章

对策与建议

第一节　耕地地力建设与土壤改良利用对策与建议

一、当前耕地地力存在的主要问题

耕地地力调查与质量评价的结果表明，翁牛特旗耕地质量总体良好，个别生产要素资源分配不均。主要表现在以下几个方面：一是翁牛特旗的地表水逐渐减少，地下水资源分布不均，东部充沛，中部缺乏，西部极缺乏。目前全旗水浇地面积已达到 66 699.7hm²，占全旗总耕地面积的 41.14%。二是耕地土层深厚，表层质地适中，主要是壤土和沙土，土体结构优良，绝大部分是通体壤土；地力等级以三级地为中轴对称分布；比例为1.2∶2.3∶3∶2.3∶1.1。一、二级耕地比例明显太小。三是工矿企业、生活废水以及农用化学物资对耕地造成的污染比较轻，目前基本上还是一片"净土"。但是在耕地资源的开发利用和农业生产方面存在许多问题：一是不合理垦殖、掠夺式经营、用养失调导致耕地土壤肥力和抗逆能力下降，耕地生产力水平降低。二是大部分耕地的农田基础设施薄弱，尤其是灌溉能力不强，大旱大灾，小旱小灾。三是山区土壤的水土流失仍然较严重。四是灾害性天气发生频繁，春季干旱少雨，夏季干热风、冰雹，秋季的早霜冻等对农业生产也有一定的影响。上述几方面的原因导致耕地地力下降，中、低产田面积不断扩大，严重制约了农业生产的可持续发展。针对存在的问题，下一步要因地制宜地确定改良利用方案，科学规划，合理布局，并制定相应的政策法规，做到因土用地、宜农则农、宜牧则牧，在保证耕地地力常新的基础上，实现社会、生态、经济效益的同步发展。

根据翁牛特旗地形地貌、生态条件、土壤区域性特征、耕地的分布状况以及耕地质量方面存在的主要问题，有针对性地提出改良利用对策与建议。

二、耕地地力建设与土壤改良利用对策及建议

（一）强化以水利为中心的农业基础设施建设，建设高产、高效基本农田

农业基础设施是保证农业可持续发展的重要措施，但全旗普遍存在水利、农机等基础设施建设相对滞后、与当前生产不适应的现象。农业基础设施薄弱，在大灾之年不仅使耕地的综合生产能力下降，还加剧了耕地的退化。

根据评价结果可以看出，评价出的一、二级地主要分布在低阶地和丘间洼地上，地势平坦，通过加大以水利为中心的农田基础设施建设，实现田、林、路、渠配套，合理开发利用水资源，逐步建成高产、稳产基本农田，提高防洪、供水和抵御自然灾害的能力。

三级地分布范围广、面积大，且地形部位较为平坦，干旱是其最大的限制因素，有条件的地区通过增加水利设施建设，大规模建设喷灌、滴灌及膜下滴灌等现代化节水农业设施，增施有机肥结合配方施肥，可尽快提高土壤地力等级，是翁牛特旗今后农业发展的潜力所在。

四、五级地主要分布在受到侵蚀的低山缓坡的坡面、坡脚、沙土母质及低洼盐碱地区，地势起伏较大或盐碱化较重，土壤养分含量低。在加大以水利为中心的农田基础设施建设的基础上，以修造梯田、适度退耕还林还草为重点，通过增施有机肥、草田轮作等措施提高土壤的保水保肥能力，逐步建成稳产基本农田。

通过加大基本建设投资力度，加大对立地条件恶劣的坡耕地的退耕还林还草力度，加大土壤有机质提升力度，争取在一二十年内将翁牛特旗二级（含二级）以下等级耕地地力整体提高一个等级。届时，地力等级由五级变为四级，各等级耕地占比变成倒锥形，比例为 3.5∶3∶2∶1.5，翁牛特旗耕地地力生产能力将大为改善。

（二）调整种植业结构，实现农林牧业合理布局

根据翁牛特旗的具体条件，通过种植业结构调整优化农业产业结构，使土壤肥力提高，达到农作物高产、高效、优质的目的。种植业结构的调整要在保证粮食和经济作物产量、品质的前提下提高单产，增加林草用地面积，发展农区畜牧业，减少水土流失，抑制耕地地力的退化。

种植业内部应增加增产潜力大、耐旱、稳产的作物种植面积，增加豆类和油料作物的种植面积，逐步形成粮、经、饲（草）三元结构，在此基础上，注重发展优质型、特色型、市场型、生态型农业，促进优质高效农业的发展。现阶段要大力发展绿色、有机农产品。

（三）加强农田生态建设，改善生态条件，修复生态环境

依托国家实施的天然林保护工程、退耕还林还草工程，抓好林木更新和草牧场围封，扩大人工、半人工草场面积，大力营造水源涵养林、水土保持林、防风固沙的生态防护林，要以速生用材林为主，防止土壤的风蚀和水蚀。农田防护林栽植的树种以杨树、柳树为主；生态防护林以栽植速生杨为主；防风固沙的以柠条、锦鸡儿等小灌木为主。通过实施水土保持工程，开展河道治理、小流域生态治理和土地整治工程，改善生态条件，修复被破坏的生态环境。

（四）广辟肥源，增施有机肥、配施化肥，改善土壤理化性状

要实现农业的可持续发展就应重视和加强有机肥的积、造、使用工作，要让广大农牧民认识到有机肥对保持农作物持续稳产高产所起的不可代替的作用，增施有机肥是培肥土壤的有效措施。要将有机肥施用作为基础来抓，在保证质量的前提下，挖掘一切肥源以增加有机肥。要坚持有机肥与化肥相结合，利用化肥的优点，弥补有机肥养分释放慢和肥效偏低的不足。在目前的栽培条件下，由于各种作物的生物产量提高，相应会带走大量的营养元素，加上有机肥和微量元素施用不足，土壤养分严重缺乏，尤其是微量元素，更为严重的是土壤结构遭到破坏、土粒分散黏闭、导致土壤板结，通过增施有机肥不但可以改善土壤结构，还可以补充各种营养元素。因此，有机肥与化肥结合施用、大量元素与中微量元素结合施用是改善土壤理化性状、培肥土壤的有效措施。

（五）积极推广农业适用新技术，充分发挥土壤的增产潜力

在改良过程中，在初步形成稳定、肥沃、蓄水保墒的耕作土体的基础上，大力推广模式化栽培技术、秸秆还田技术、深耕深松技术、覆盖栽培技术、节水灌溉技术、生物固氮技术及微生物肥料应用适用增产新技术，充分发挥土壤的增产潜力。

第二节　耕地污染防治对策与建议

翁牛特旗是以农业经济为主、农牧结合的地区，只有少量的工矿企业，基本没有工业"三废"污染。农业生产上化肥、农药的使用较少，加上近几年国家对剧毒、高毒农药的禁用，农业污染较少。符合发展绿色农产品生产、有机农产品生产的产地环境条件要求。前几年，部分乡（镇、苏木）建设了绿色农产品、有机农产品生产基地，重点发展绿色农产品、有机农产品产业，把当地建成了安全的农产品生产基地，提高了农产品的市场竞争力。在此基础上，要特别注重耕地环境质量保护，防止耕地环境污染。

一、确定耕地环境质量监测点，建立耕地环境质量监测体系

尽管目前耕地还未受到较重污染，但也应给予足够的重视，在工矿企业和农业生产水平较高以及农药、化肥等农用化学物资使用量较大的地区要逐步建立长期定位监测点，按照国家要求定期采集样品检测污染状况，加强对工业"三废"造成的耕地污染的监控，环保部门必须严格执行国家的有关规定，对工业生产上必须排放的"三废"进行净化处理要求，只有达到国家规定的排放标准，才允许其排放。发现问题及时解决，并提出控制和消除污染的具体措施，确保耕地环境不受污染。

二、加强法律法规的宣传，加大农业执法力度

加大《中华人民共和国农业法》《中华人民共和国环境保护法》以及国家相关部委、各级人民政府对保护环境制定的各项规章制度的宣传力度，提高全民的环境保护意识。农业、工商、环保、质量监督等部门应密切配合，组成强有力的执法队伍，坚决打击制售禁用农药和假冒伪劣农药、化肥行为，从源头上减轻对耕地环境造成的污染。

三、加强化肥、农药使用方面的管理和新技术的推广

针对化肥和农药造成的耕地污染，在防治上必须从耕地资源综合管理和有效利用出发，实现资源的优化配置，合理使用，着力提高化肥和农药的利用率，在减少资源浪费的同时，也降低污染。一是对化肥、农药的生产、销售和使用制定相应的政策法规，进行严格的全程质量控制与质量管理，对农用化学物资的使用量、使用范围逐步进行规范。二是要引进和开发化肥、农药新品种。在农药新品种的引进和开发方面，按照国家的有关规定严禁高毒农药的使用，加强高效低毒农药新品种和生物农药的引进、开发、生产。在化肥新品种的引进和开发方面，依据本次调查结果，结合田间肥效试验和三区校正试验，制定合理的配方，开发生产各种作物的专用配方肥，同时广辟有机肥源，积造有机肥。三是大力推广测土配方施肥和病、虫、草害综合防治技术，提高化肥和农药的利用率。

第三节　耕地资源的合理配置与种植业结构调整对策与建议

一、翁牛特旗当前耕地资源利用和种植业结构方面存在的问题

(一)投入少

翁牛特旗地域和耕地面积较大。虽然经过了国家商品粮基地建设、农业综合开发、扶贫开发、旱作农业开发等项目建设,农业生产能力有了较大的提高,粮食总产量比30年前翻了3番,但仍跟不上社会发展的步伐,究其原因,还是对农业的基本建设投入比工业建设和城市建设少,致使农业发展后劲不足。

(二)农业基础薄弱

农业基础设施建设包括水利、土地整理、田间道路、农田防护林、农用机械及防灾减灾等工程建设。但最主要的还是水利建设。全旗约有水浇地7.0万 hm^2。地下输水管道只有50万 m,可控制灌溉面积5 000 hm^2,约占水浇地总面积的7.14%。衬砌渠道480万 m,可控制灌溉面积约40 000 hm^2,约占水浇地总面积的57.14%。有40%以上的水浇地还要靠土渠灌水,每公顷灌溉量1 200 m^2/次以上。既浪费土地资源又浪费水资源和人力资源,特别是在东部水田,田间设施极不配套,大水漫灌现象比比皆是。严重影响了水分生产率的提高。全旗现有喷灌、滴灌等节水灌溉面积不足3 500 hm^2。节水灌溉模式每公顷灌溉量225~600 m^2/次,相当于大水漫灌的1/150~1/120。现有配套机电井5 239眼,控制面积6万 hm^2,平均单井控制面积11.45 hm^2。到夏季灌溉高峰期灌溉保证率不足60%。其他农业基础设施建设也较薄弱。

(三)旱作农业占比过大

全旗旱作农业8.33万 hm^2。占翁牛特旗耕地总面积的51.38%。地力等级除少量是一、二级外,大都是三级以下。其中绝大部分是中低产田,这些耕地立地条件均比较差。西部棕壤、灰色森林土、黑钙土3个土类土壤养分含量虽然较高,但地下水埋藏深、利用难度大、热量不足。中部丘陵地面起伏不平,大面积的旱坡地地块零散,极不便于大型农机作业和大型灌溉设施的使用,土壤养分含量低。东部地势虽平坦,地下水储量很高,但土壤养分含量低,土壤质地沙质多,保水保肥能力弱,生产能力难以提高。严重制约着农业生产的发展。

(四)种植方式落后,机械化水平不高

翁牛特旗目前较多的农户依然沿用"广种薄收""大水漫灌"的习惯。播种用种量大,有机肥施用量、面积偏少,施用化肥品种单一。"'一黑'(磷酸二铵)'一白'(尿素)就是好肥"意识浓厚,缺少精种、轮作、少免耕等新的耕作方式。农业机械化程度不高,尽管最近几年进步很快,但农用机械机型动力小、作业方式单一,不能复式作业就达不到少免耕、减少对土地碾压次数的目的。高效率的灌溉机械更是缺乏。尤其是作物收割机械,目前只能解决水稻、小麦的收获问题,玉米机械化收获还没有得到普及。既解放不了劳动力问题,又影响粮食产量的提高。

（五）种植业内部结构不合理

目前翁牛特旗种植业内部结构（粮、经、饲比例）还不是很合理，2008 年的统计资料表明，粮食作物面积 7.65 万 hm^2，经济作物（包括设施农业）面积 3 万 hm^2，饲草面积 0.9 万 hm^2，比例为 8.5：3.3：1。粮食作物占比显然过大，经济作物占比明显太小。粮食作物产值低，附加值低，土地生产效益自然就低。经济作物果、药、油等高产值作物可以在大量的、零散的、三级以下的旱坡地"大显身手"。同时，大力提倡在立地条件恶劣的低等级耕地种植豆科牧草，将粮、经、饲种植面积比例调整为 7.6：4.2：1。

二、对策与建议

依据此次耕地地力调查结果，本着充分利用耕地资源的区域优势，加大调整力度，实现耕地资源优化、合理配置的原则，应从以下几方面入手：

（一）加大投入力度

虽然近年来国家在不断增加对"三农"的投入，但在农村能源等新农村建设和各种补贴投入及拉动内需的生活消费方面投入较多，而在农田基本建设方面并未增加多少。应制定相关政策，改变单一投资方式，鼓励农户及社会将资金投到农田基本建设上来。要真正意义上把耕地建设的意义提高到维持人类生存的高度。

（二）千方百计提高耕地质量

通过农业产业结构调整，利用耕地面积较大的优势扩大饲料作物的种植面积，为畜牧业的发展提供充足的优质饲料，促进农区畜牧业的发展。大力发展养殖业，实行农作物副产物过腹还田。大力挖掘有机肥资源，增加对耕地的有机肥投入。调整种植业结构，增加豆科作物种植面积。有条件的地方可开展秸秆还田。千方百计提高土壤有机质含量。全部耕地实行配方施肥、合理施肥、平衡施肥。

（三）调整种植业内部结构

利用当前国际国内大力发展有机食品等的大好时机和翁牛特旗干净无污染的自然环境，大力发展高附加值的水稻、谷子、荞麦、马铃薯等绿色、有机食品。引进大的食品加工企业就地建厂，带动农户进行规模化生产、产业化经营，打造特色产业基地。大力发展减灾避灾的保护地生产和设施农业、增加蔬菜生产面积。力求粮食作物少种精种，建设以粮食作物为主，经济作物、饲料作物同步增长的种植业格局。结构比例达到 3：1：1。

（四）加速引进、推广新技术、新设备，努力发展现代化农业

"科学技术也是生产力"早已在社会生产实践中得到证实。翁牛特旗提高耕地生产力水平的根本出路就在于科学技术水平的提高。尽快引进推广大型喷灌、膜下滴灌、水肥一体化等节水灌溉新技术、新设备，联合复式作业大型农机具，建设规模化的现代化、集约化农业商品粮生产基地。引进、推广高产值的经济作物、蔬菜、果树、药材新品种；全面推广测土配方施肥技术、旱作节水技术和无公害生产技术。将翁牛特旗科技贡献率提高到 60%以上，用科学技术指导、建设现代化农业。

第七章

施肥配方设计与应用效果

第一节　施肥配方设计

一、施肥配方设计原则

本着"大配方、小配肥"的原则，为翁牛特旗域内每种主栽作物设计制定一个肥料配方（大配方），制定大配方的基本原理是施肥配方能够满足 60％以上的耕地土壤。

根据翁牛特旗不同主栽作物的施肥指标体系，经过统计确定旗域内所有耕地土壤全氮、有效磷、速效钾的不同含量面积分布情况，查找土壤全氮、有效磷、速效钾含量面积分布达到 60％以上的土测值范围（或最大分布频率加和后大于 60％的两个丰缺区间），并确定该范围内的作物最佳施肥量（对于跨两个丰缺区间的养分，将两个区间的最佳施肥量加权平均后作为计算配方的肥料施用量），从而确定制定施肥配方的 N、P_2O_5、K_2O 用量，据此设计制定施肥配方。

二、建立土壤养分丰缺指标

根据玉米、谷子总计 80 个"3414"试验的结果，按照相对产量＜50％、≥50％～75％、≥75％～95％、≥95％建立了不同作物土壤全氮、有效磷、速效钾含量的分级标准，将结果列于表 7-1。

表 7-1　翁牛特旗玉米、谷子养分丰缺指标

作物	丰缺程度	极缺	缺	中	高
	相对产量（％）	＜50	≥50～75	≥75～95	≥95
玉米	土壤全氮（g/kg）	＜0.22	≥0.22～0.54	≥0.54～1.08	≥1.08
	土壤有效磷（mg/kg）	＜1.21	≥1.21～6.1	≥6.1～22.3	≥22.3
	土壤速效钾（mg/kg）	＜19	≥19～60	≥60～144	≥144
谷子	土壤全氮（g/kg）	＜0.44	≥0.44～0.74	≥0.74～1.13	≥1.13
	土壤有效磷（mg/kg）	＜2.11	≥2.11～6.81	≥6.81～17.32	≥17.32
	土壤速效钾（mg/kg）	＜57	≥57～95	≥95～142	≥142

三、不同土壤养分丰缺指标最佳施肥量

利用玉米、谷子的"3414"试验结果，建立每个试验点的氮、磷、钾的一元二次肥料效应函数，分别计算最佳施肥量。根据多点的最佳施肥量和土测值建立玉米、谷子最佳

施氮量与土壤全氮测定值、最佳施磷量与土壤有效磷测定值、最佳施钾量与土壤速效钾测定值的对数关系，利用最佳施肥量和土测值的关系计算不同丰缺指标下的最佳施肥量，结果见表7-2。

表7-2 翁牛特旗不同养分丰缺指标下的最佳施肥量（kg/亩）

作物	项目	极缺	缺	中	高
玉米	N	≥15.8	≥10.6～15.8	≥5.4～10.6	<5.4
	P_2O_5	≥8.6	≥7.5～8.6	≥4.8～7.5	<4.8
	K_2O	≥7.7	≥5.7～7.7	≥3.1～5.7	<3.1
谷子	N	≥7.71	≥5.71～7.71	≥3.88～5.71	<3.88
	P_2O_5	≥4.75	≥4.06～4.75	≥2.86～4.06	<2.86
	K_2O	≥3.52	≥2.72～3.52	≥1.97～2.72	<1.97

四、土壤养分测定值面积分布

根据翁牛特旗采集的土壤样品的土测值，基于GIS进行空间插值，形成土壤养分含量分级面积图，进而统计不同土壤养分丰缺指标下的耕地土壤面积分布百分比，将结果列于表7-3。

表7-3 翁牛特旗土壤养分测定值面积分布

作物	土壤养分	项目	极缺	缺	中	高
玉米	全氮（g/kg）	丰缺指标	<0.22	≥0.22～0.54	≥0.54～1.08	≥1.08
		面积（hm²）		64 694.13	183 778.70	4 860.50
		百分比（%）		25.5	72.5	2.0
	有效磷（mg/kg）	丰缺指标	<1.21	≥1.21～6.10	≥6.10～22.30	≥22.30
		面积（hm²）		72 643.7	176 248.4	4 441.23
		百分比（%）		28.7	69.6	1.7
	速效钾（mg/kg）	丰缺指标	<19	≥19～60	≥60～144	≥144
		面积（hm²）		356.35	216 950.99	36 025.99
		百分比（%）		0.1	85.6	14.3
谷子	全氮（g/kg）	丰缺指标	<0.44	≥0.44～0.74	≥0.74～1.13	≥1.13
		面积（hm²）	24 320.77	148 127.38	77 966.76	2 918.43
		百分比（%）	9.6	58.5	30.8	1.1
	有效磷（mg/kg）	丰缺指标	<2.11	≥2.11～6.81	≥6.81～17.32	≥17.32
		面积（hm²）	1 308.76	93 833.29	142 539.70	15 651.58
		百分比（%）	0.5	37.0	56.3	6.2
	速效钾（mg/kg）	丰缺指标	<57	≥57～95	≥95～142	≥142
		面积（hm²）	203.35	34 590.71	178 302.07	40 237.2
		百分比（%）	0.1	13.7	70.4	15.8

五、配方施肥量确定

从表7-3中分别查找各作物土壤全氮、有效磷、速效钾面积分布达到60%以上的土测值范围，然后按照土测值范围查表7-2中对应的最佳施肥量，提出制定配方的N、

P_2O_5、K_2O 用量。翁牛特旗耕地面积分布达到 60% 以上的土测值范围有的要跨 2 个丰缺范围，在计算配方施肥量时要先计算面积分布的权重系数，然后将 2 个丰缺范围内的施肥量乘以权重系数相加得出。

在计算施肥配方时，需考虑肥料的施用方法，配方设计不包含追肥部分。通常磷肥、钾肥全部作基（种）肥施用，所以确定的用量全部参与配方计算；氮肥应视生产实际一次作基（种）肥，或分基（种）肥和追肥施用，作基（种）肥施入的量参与配方的计算，将结果列于表 7-4。

表 7-4　翁牛特旗不同作物配方施肥量

作物	土壤养分	面积>60% 丰缺范围	配方施肥量（kg/亩）			
			N		P_2O_5	K_2O
			追肥	基（种）肥		
玉米	全氮	0.54~1.08	3.5~1.8	7.1~3.6		
	有效磷	6.1~22.3			7.5~4.8	
	速效钾	60~144				5.7~3.1
谷子	全氮	0.44~1.13	2.6~1.3	5.1~2.5		
	有效磷	2.11~17.32			4.8~2.9	
	速效钾	95~142				2.7~2.0

六、配方计算及建议施肥量

在配方施肥量确定的基础上，配方中 N、P_2O_5、K_2O 的含量按以下公式计算：

$$\text{配方中 N 的含量（\%）} = \frac{\text{配方中 N 施用量（kg/亩）}}{\text{配方 N}+P_2O_5+K_2O\text{ 总施用量（kg/亩）}+K_2O\text{ 总养分含量（\%）}} \times \text{配方肥中 N}+P_2O_5\text{ 含量（kg/亩）}$$

$$\text{配方中 } P_2O_5 \text{ 的含量（\%）} = \frac{\text{配方中 } P_2O_5 \text{ 施用量（kg/亩）}}{\text{配方 N}+P_2O_5+K_2O\text{ 总施用量（kg/亩）}+K_2O\text{ 总养分含量（\%）}} \times \text{配方肥中 N}+P_2O_5\text{ 含量（kg/亩）}$$

$$\text{配方中 } K_2O \text{ 的含量（\%）} = \frac{\text{配方中 } K_2O \text{ 施用量（kg/亩）}}{\text{配方 N}+P_2O_5+K_2O\text{ 总施用量（kg/亩）}+K_2O\text{ 总养分含量（\%）}} \times \text{配方肥中 N}+P_2O_5\text{ 含量（kg/亩）}$$

根据上述计算公式及表 7-4 中提供的施肥量，在设定施用配方肥总养分含量分别为 45% 的条件下计算肥料配方，玉米、谷子的肥料配方分别为 14:21:10 和 11:19:15。

将符合翁牛特旗农业生产实际的建议施肥量列于表 7-5，表中建议施肥量是根据各丰缺指标下的最佳磷肥施用量计算的，不足的氮肥在苗期用追肥来补充。

表 7-5　翁牛特旗不同作物肥料配方及施肥量建议

作物	肥料配方	配方肥施用量建议（kg/亩）			
		极缺	缺	中	高
玉米	26:14:8	50	45	40	35
谷子	17:16:7	30	25	20	15

七、养分平衡法推荐施肥量确定

养分平衡法施肥量确定的基本原理是"根据作物目标产量需肥量与土壤供肥量之差估算施肥量"，也就是说种植某种作物，一般有个合理的预期产量，实现这个预期产量要从土壤中吸收一定量的土壤养分，而土壤本身能够供给作物一定量的养分，但两者之间有差额，即土壤供给养分量不能满足作物吸收养分量，这部分不足的养分量就要靠合理施肥来补充。其计算公式为

$$施肥量 = \frac{作物单位产量养分吸收量 \times 目标产量 - 土壤养分含量测试值 \times 0.15 \times 土壤有效养分校正系数}{肥料中养分含量 \times 肥料（养分）利用率}$$

如果以肥料纯养分量来计算，则公式为

$$施肥量 = \frac{作物单位产量养分吸收量 \times 目标产量 - 土壤养分含量测试值 \times 0.15 \times 土壤有效养分校正系数}{肥料（养分）利用率}$$

公式中涉及的目标产量、作物单位产量养分吸收量、土壤养分含量测试值、土壤有效养分校正系数及肥料（养分）利用率、肥料中养分含量等施肥参数须通过计算得出。

本书第五章第五节对有关施肥参数进行了一定的计算和分析，可近似地直接采用其相关分析结果。

（一）相关参数的求算

1. 目标产量

目标产量＝（1＋递增率）×前3年平均单产，递增率一般取10%～15%，单位为kg/亩，或者根据生产实际，直接确定为玉米750～850kg/亩、谷子350～400kg/亩。

2. 作物单位产量养分吸收量

根据前述内容计算，100kg玉米籽粒产量约吸收N 1.61kg、P_2O_5 0.42kg、K_2O 1.42kg；100kg谷子籽粒产量约吸收N 2.67kg、P_2O_5 0.38kg、K_2O 2.30kg。

3. 土壤养分含量测试值

即土壤农化样养分的测试分析数值，也是土壤有效养分含量的测定值，单位为mg/kg。

4. 土壤有效养分校正系数

在第五章第五节土壤养分校正系数的相关分析中，得出了不同土壤有效养分在不同丰缺指标下的校正系数，既可直接引用相关数值，也可计算出所需校正系数数值。

5. 肥料（养分）利用率

根据前述内容计算，玉米N、P_2O_5、K_2O的当季平均利用率分别为38.8%、29.5%、34.6%，谷子的当季平均利用率分别为36%、26.6%、43.4%。

6. 肥料中养分含量

参见各种肥料的标识养分含量，如尿素含N量为46%。

（二）合理推荐施肥量的确定

将上述各施肥参数代入公式，即可计算得出合理施肥量。例如：某地块玉米预期目标

产量为 750kg/亩，土壤养分含量测定值分别为 N 0.95g/kg、P_2O_5 25.0mg/kg、K_2O 150mg/kg，则其适宜推荐施肥量分别为

$$施 N 量 = \frac{1.61 \times 750/100 - 950 \times 0.15 \times 0.035}{38.8\%} = 18.3kg/亩$$

同理得：施 P_2O_5 量=8.5kg/亩，施 K_2O 量=4.8kg/亩。

即此地块施肥总量（纯量）为 31.6kg/亩，N：P_2O_5：K_2O= 1：0.46：0.26，折合化肥实物施用量为磷酸二铵 18.5kg/亩、尿素 32.5kg/亩、氯化钾 8kg/亩，施用化肥总量 59kg/亩。

可以看出，应用这种方法计算出的适宜施肥量与应用肥料效应函数法计算出的适宜施肥量有一定差异，所以在确定适宜推荐施肥量时，应几种方法互相比较、验证，特别是应结合生产实际综合考虑、确定。

在采用养分平衡法计算适宜施肥量时，应注意土壤养分校正系数实际上是一个变动的数值，一般土壤养分测定值增大、校正系数减小，测定值减小、校正系数增大。所以，一般应根据校正系数与测定值的关系式计算相应土测值对应的校正系数，而不宜直接采用校正系数平均值。

第二节　测土配方施肥技术推广

推广测土配方施肥技术主要采取两种方式：一种是制作并发放施肥建议卡，农民按卡购肥、施肥；另一种是与企业合作加工生产配方肥，把测土配方施肥技术物化到配方肥中供农民使用。

一、制作并发放施肥建议卡

通过实施测土配方施肥项目，虽然采集了大量的土壤样品，但是不可能所有农户的所有地块都有样点分布，而指导农民科学施肥涉及每个农户，要为所有农户发放施肥建议卡。因此，在填制施肥建议卡时采取了以下技术措施，确保为每个农户提供科学的施肥建议。

（一）制作土壤养分分布图

将第二次土壤普查的土壤图和 1996 年国土部门的土地利用现状图叠加形成工作底图，建立了空间数据库；将每个采样点的经纬度和样点的测试分析结果录入计算机建立了土壤养分属性数据库；将空间数据库与属性数据库连接，制作了各种养分的土壤养分点位图；应用空间插值法由点位图生成养分分布图。这样就明确了每块耕地的土壤养分状况，可为每个地块研制施肥配方提供土壤养分的基础数据。

（二）计算施肥量，填制施肥建议卡

要为某一农户或某一地块填制施肥建议卡，首先确定农户或地块的空间位置，查找地块的土壤氮、磷、钾含量；然后利用建立的土壤全氮、有效磷、速效钾与最佳施肥量的函数模型，计算种植玉米、谷子的适宜施肥量；最后填制施肥建议卡。施肥建议卡上不仅填写了肥料的种类、品种和施肥量，还明确了施肥时期、施肥方式等，确保农户看得懂、用

得准。

（三）填制施肥建议卡具体方法

1. 基于田块的施肥配方和施肥建议卡制定

首先确定农户或地块的氮、磷、钾肥料养分的适宜施用量；然后确定相应的肥料组合和配比；再提出建议施肥方法；最后填制和发放配方施肥建议卡，指导农民合理施用配方肥或按方施肥。

2. 基于施肥分区的区域施肥配方与施肥建议卡制定

首先按照不同作物的土壤养分丰缺指标进行施肥分区；然后参照土壤养分分级及适宜施肥量（表6-1、表6-2），结合生产实际和专家经验，确定施肥分区的氮、磷、钾肥料养分的适宜施用量；再确定相应的肥料组合和配比，制定相应的区域施肥配方；最后按照"大配方、小配肥"的原则，结合农户具体情况，制定针对不同农户的施肥建议卡，并提出施肥方法建议。技术人员在具体指导农民配方施肥时，可以通过增减配方肥用量或增减某一种肥料用量的方式调整区域配方，使之更符合实际。

也可以GIS为操作平台，基于区域土壤养分分级指标制作土壤养分分区图，针对土壤养分的空间分布特征，结合作物养分需求规律和施肥决策系统，生成旗域施肥分区图和分区施肥配方，包括应用于施肥分区的区域施肥配方和田块肥料施用配方，再针对具体农户、具体地块制定相应的配方施肥建议卡，供农户具体施肥和技术人员进行施肥技术指导参考。

（四）施肥建议卡的主要内容

1. 农户或地块基本情况

包括姓名，所属乡（镇、苏木）、村，地块位置、面积、土壤养分含量（测试分析数据）等。

2. 推荐施肥量及肥料配比

根据土壤养分测试值、作物种类、施肥模型、施肥指标、目标产量和肥料特性等，确定氮、磷、钾等大量元素肥料的施肥量、施用比例及相应施肥配方。

3. 微量元素肥料合理施用

增施微量元素肥料锌肥、硼肥、钼肥可以有效地增加玉米、谷子的结实率和产量，并改善品质，通过玉米中、微量元素试验也证实了这一点，建议玉米施用适量锌肥。

4. 有机肥合理施用

当地农业生产习惯以施用化肥为主，特别是大田种植作物，施用有机肥相对较少，因此提倡秸秆粉碎还田，或结合化肥施用一定量商品有机肥。

5. 施肥时期和施肥方法的确定

改基（种）肥一次性施入"一炮轰"为氮肥后移，在玉米拔节期、大喇叭口期结合中耕除草，滴灌冲施尿素5.0～7.5kg/亩；改种、肥混播为分层施肥、深施肥，将肥料的2/3放入施肥箱深施于土壤中，深施8～10cm，其余1/3与种子混合播下。

（五）施肥建议卡的发放

施肥建议卡主要采取3种方式发放到农民手中：一是组织乡（镇、苏木）干部、技术人员进村入户发放，并详细讲解施肥卡的内容；二是旗级农技人员在开展测土配方施肥技术培训的同时，将施肥建议卡发放到农民手中；三是与新型农民培训、科技入户、良种补贴等项目结合，多途径发放施肥建议卡。10年累计发放施肥建议卡115.6万份，覆盖农户90%以上。

二、配方肥生产、供应

配方肥是测土配方施肥技术的物化载体，农民能用上"傻瓜"型配方肥是实施测土施肥项目的最终目标。因此，在项目实施过程中，把研制配方和配方肥的生产、应用作为重中之重来抓。

首先，根据农户施肥调查、土壤养分测试分析和肥料肥效田间试验等数据，结合专家经验，研究提出了翁牛特旗玉米、谷子旗域施肥大配方，同时分不同施肥分区、不同作物研制相应区域施肥配方11个；其次，与肥料生产企业合作，加工生产配方肥，并建立销售网络直接供应农民购买和施用配方肥。累计生产供应配方肥25.2万t，施用配方肥面积1 049万亩。

开展实施了"技企结合、一张卡"的配方肥生产供应及服务模式。"技企结合"即土肥技术部门与肥料企业密切合作，由农技部门研制、提供配方肥生产配方，并加强配方肥生产技术指导，肥料企业按肥料配方生产、供应配方肥，将技术物化，满足农民的施用需求；"一张卡"即技术部门同时为农民制定、发放施肥配方建议卡，并深入农户、田间开展施肥技术指导。

配方施肥建议卡示例Ⅰ

翁牛特旗测土配方施肥建议卡

农户姓名___×××___ 内蒙古 自治区 ___赤峰___地（市）___翁牛特___旗
___×××___乡（镇、苏木） ___×××___村 常产 ___×××___kg/亩 地块名称___×××___
编号___×××___地块面积___××___亩 地块位置___×××___距村距离___×××___m

测试项目	测试值	丰缺指标	养分水平评价		
			偏低	适宜	偏高
全氮（%）					
碱解氮（mg/kg）	105	54～108		中	
有效磷（mg/kg）	4.40	1.21～6.10	偏低		
速效钾（mg/kg）	118	60～144		中	
有机质（%）					
有效硼（mg/kg）					
有效锌（mg/kg）					

土壤测试值

（续）

作物名称		玉米	作物品种	大丰30	目标产量（kg/亩）	750
		肥料配方	用量（kg/亩）	施肥时间	施肥方式	施肥方法
推荐方案一	基肥	48％玉米专用肥	22～26	播种时施入	条施	种肥分层隔离施入播种沟
	追肥	尿素	20～24	拔节期	稀植作物穴施，密植作物条施	距苗5～10cm；深9～12cm
推荐方案二	基肥	磷酸二铵	12～14	播种时施入	条施	种、肥分层隔离施入播种沟
		氯化钾	4			
		尿素	5			
	追肥	尿素	10～15	拔节期	稀植作物穴施，密植作物条施	距苗5～10cm；深9～12cm

注意事项：施入均匀，种肥分层隔离，防止烧苗！

技术指导单位：翁牛特旗土壤肥料工作站　联系电话：　　联系人：　　　日期：

为方便合作社、家庭农场、种植大户等新型农业经营主体查询使用施肥配方，根据翁牛特旗实际，我们又设计了如下施肥建议卡。

配方施肥建议卡示例Ⅱ

翁牛特旗测土配方施肥建议卡

翁牛特旗土壤肥料工作站技术人员根据全旗土壤养分化验数据，结合作物的营养需要和目标产量提出了科学的肥料配方，由符合条件的生产厂家生产配方肥。

45％玉米基肥型配方肥：　　$N:P_2O_5:K_2O:Zn$　　15：23：7：0.45

48％玉米一次型配方肥：　　$N:P_2O_5:K_2O:Zn$　　26：14：8：0.45

51％玉米一次型配方肥：　　$N:P_2O_5:K_2O:Zn$　　26：15：10：0.45

40％谷子基肥型配方肥：　　$N:P_2O_5:K_2O$　　　17：16：7

40％水稻基肥型配方肥：　　$N:P_2O_5:K_2O:Zn:SiO_2$　　15：15：10：0.9：6

48％向日葵基肥型配方肥：　$N:P_2O_5:K_2O:Zn:B$　　19：14：15：0.45：0.11

48％马铃薯基肥型配方肥：　$N:P_2O_5:K_2O:Zn$　　17：9：22：0.45

40％荞麦基肥型配方肥：　　$N:P_2O_5:K_2O$　　　16：17：7

45％高粱基肥型配方肥：　　$N:P_2O_5:K_2O:Zn$　　13：21：11：0.45

40％甜菜基肥型配方肥：　　$N:P_2O_5:K_2O:B$　　15：11：14：0.11

45％豆类基肥型配方肥：　　$N:P_2O_5:K_2O:Zn:B$　　13：17：15：0.45：0.11

玉米施肥建议

地力等级：高等　目标产量（kg/亩）：600～650

施肥方案	施肥分类	配方肥料类型	用量（kg/亩）	施肥方法
基肥型配方肥 施肥方案	基肥	有机肥	1 000	撒施
	种肥	45％配方肥	17.5～22.5	条施
	追肥	尿素	13.5～24.5	穴施
一次型配方肥 施肥方案	基肥	有机肥	1 000	条施
	种肥	48％～51％配方肥	40～45	条施
	追肥	尿素	6.5	穴施

玉米施肥建议

地力等级：高等　目标产量（kg/亩）：650～750

施肥方案	施肥分类	配方肥料类型	用量（kg/亩）	施肥方法
基肥型配方肥 施肥方案	基肥	有机肥	1 500	撒施
	种肥	45％配方肥	25～30	条施
	追肥	尿素	13.5～25.0	穴施
一次型配方肥 施肥方案	基肥	有机肥	1 500	条施
	种肥	48％～51％配方肥	45～50	条施
	追肥	尿素	7～8	穴施

玉米施肥建议

地力等级：高等　目标产量（kg/亩）：800～1 000

施肥方案	施肥分类	配方肥料类型	用量（kg/亩）	施肥方法
基肥型配方肥 施肥方案	基肥	有机肥	2 000	撒施
	种肥	45％配方肥	30～35	条施
	追肥	尿素	29.5～43.6	穴施
一次型配方肥 施肥方案	基肥	有机肥	2 000	条施
	种肥	48％～51％配方肥	55～70	条施
	追肥	尿素	8.5～15.5	穴施

高粱施肥建议

地力等级：中等　目标产量（kg/亩）：400～550

施肥方案	施肥分类	配方肥料类型	用量（kg/亩）	施肥方法
配方肥施肥方案	基肥	有机肥	1 000	撒施
	种肥	45％配方肥	20～25	条施
	追肥	尿素	6.5～19.5	条施

（续）

施肥方案	施肥分类	配方肥料类型	用量（kg/亩）	施肥方法
非配方施肥方案	种肥	磷酸二铵	12.0～14.0	条施
	种肥	氯化钾	4.0～5.0	条施
	追肥	尿素	14.0～19.5	条施

高粱施肥建议
地力等级：中等　目标产量（kg/亩）：550～700

施肥方案	施肥分类	配方肥料类型	用量（kg/亩）	施肥方法
配方肥施肥方案	基肥	有机肥	1 000	撒施
	种肥	45%配方肥	20～25	条施
	追肥	尿素	12.6～17.5	条施
非配方施肥方案	种肥	磷酸二铵	11.0～12.0	条施
	种肥	氯化钾	6.0～7.5	条施
	追肥	尿素	16.0～24.5	条施

甜菜施肥建议
目标产量（kg/亩）：2 000～4 000

施肥方案	施肥分类	配方肥料类型	用量（kg/亩）	施肥方法
配方肥施肥方案	基肥	有机肥	1 000～2 000	撒施
	种肥	40%配方肥	20～30	条施
	追肥	尿素	16.0～23.5	条施
非配方施肥方案	种肥	磷酸二铵	9.5～15.5	条施
	种肥	硫酸钾	5.6～8.5	条施
	种肥	硼砂	0.5	条施
	追肥	尿素	15.5～22.5	条施

水稻施肥建议
地力等级：中等　目标产量（kg/亩）：500～700

施肥方案	施肥分类	配方肥料类型	用量（kg/亩）	施肥方法
配方肥施肥方案	基肥	有机肥	500～1 000	撒施
	种肥	配方肥	25～35	撒施
	追肥	尿素	23.5～27.5	撒施

（续）

施肥方案	施肥分类	配方肥料类型	用量（kg/亩）	施肥方法
非配方施肥方案	种肥	磷酸二铵	9.5～13.0	撒施
	种肥	氯化钾	4.5～8.5	撒施
	种肥	硫酸锌	2	撒施
	追肥	尿素	31.1～38.2	撒施

荞麦施肥建议
地力等级：低等　目标产量（kg/亩）：75～125

施肥方案	施肥分类	配方肥料类型	用量（kg/亩）	施肥方法
配方肥施肥方案	基肥	有机肥	500	撒施
	种肥	配方肥	10～15	条施
	追肥	尿素	6～11	条施
非配方施肥方案	种肥	磷酸二铵	5.0～7.5	条施
	种肥	氯化钾	1.0～2.5	条施
	追肥	尿素	7.5～12.5	条施

谷子施肥建议
地力等级：中等　目标产量（kg/亩）：250～300

施肥方案	施肥分类	配方肥料类型	用量（kg/亩）	施肥方法
配方肥施肥方案	基肥	有机肥	500	撒施
	种肥	配方肥	8.8～22	条施
	追肥	尿素	4.5～7.5	条施
非配方施肥方案	种肥	磷酸二铵	4.8～11.7	条施
	种肥	氯化钾	0.5～3.8	条施
	追肥	尿素	7.8～16.1	条施

马铃薯施肥建议
地力等级：中等　目标产量（kg/亩）：2 500～3 000

施肥方案	施肥分类	配方肥料类型	用量（kg/亩）	施肥方法
配方肥施肥方案	基肥	有机肥	1 000	撒施
	种肥	配方肥	75～100	条施
	种肥	硫酸锌	2	穴施

（续）

施肥方案	施肥分类	配方肥料类型	用量（kg/亩）	施肥方法
非配方肥施肥方案	种肥	磷酸二铵	14.5～20.0	条施
	种肥	硫酸钾	33～44	条施
	追肥	尿素	22～30	穴施

马铃薯施肥建议

地力等级：高等　目标产量（kg/亩）：3 000～4 000

施肥方案	施肥分类	配方肥料类型	用量（kg/亩）	施肥方法
配方肥施肥方案	基肥	有机肥	2 000	撒施
	种肥	配方肥	100～150	条施
	追肥	硫酸锌	2	穴施
非配方肥施肥方案	种肥	磷酸二铵	20～30	条施
	种肥	硫酸钾	44～66	条施
	追肥	尿素	30～45	穴施

向日葵施肥建议

地力等级：中等　目标产量（kg/亩）：300～350

施肥方案	施肥分类	配方肥料类型	用量（kg/亩）	施肥方法
配方肥施肥方案	基肥	有机肥	1 000	撒施
	种肥	配方肥	40	条施
	追肥	尿素	9.5～15	穴施
非配方肥施肥方案	种肥	磷酸二铵	8.5～15.5	穴施
	种肥	硫酸钾	15～17.5	穴施
	种肥	硼砂	0.6	穴施
	追肥	尿素	25～30	穴施

豆类施肥建议

地力等级：中等　目标产量（kg/亩）：200～300

施肥方案	施肥分类	配方肥料类型	用量（kg/亩）	施肥方法
配方肥施肥方案	基肥	有机肥	1 000	撒施
	种肥	配方肥	25～35	条施
	追肥	尿素	10	条施

（续）

施肥方案	施肥分类	配方肥料类型	用量（kg/亩）	施肥方法
非配方肥施肥方案	种肥	磷酸二铵	12.5～15.0	条施
	种肥	硫酸钾	15	条施
	种肥	硼砂	0.6	条施
	追肥	尿素	12.5～15.0	条施

施 肥 技 术

（1）磷肥或钾肥（含磷钾复合肥）可以结合耕翻或播种（肥、种隔离，穴施或条施）一次性施入。

（2）硫酸锌 1～2kg/亩，硼砂 0.5kg/亩。在混入农家肥或播种时掺 10～20kg/亩优质农家肥条施于种子一侧 3.33～6.67cm 处。当玉米发生花白叶病时，用 0.1％～0.2％的硫酸锌水溶液喷施，蔬菜缺硼用 0.2％硼砂水溶液喷施，大豆缺铁黄化用 0.1％～1.0％的硫酸亚铁水溶液喷施。

（3）旱地玉米、高粱的氮肥可以结合耕翻作基肥，也可作种肥隔离穴施或条施一次施入，播种沟尿素亩用量不能超过 2.5kg，深度为种层下 8cm，氮肥作基肥一定要施入不播种的小垄。

（4）48％～51％的玉米一次型配方肥可根据土壤肥力和作物产量施用，亩产量在600～650kg，在亩施用有机肥 1 000kg 的基础上，亩施用 48％～51％的一次型配方肥40～45kg，还需要施尿素 6.5kg；亩产量在 650～750kg，在亩施用有机肥 1 500kg 的基础上，亩施用 48％～51％的一次型配方肥 45～50kg，还需要施尿素 6.5～8.0kg；亩产量在800～1 000kg 时，在亩施用有机肥 2 000kg 的基础上，亩施用 48％～51％的一次型配方肥55～70kg，还需要施尿素 8.5～15.5kg。施用方法：将一次型配方肥 7.5kg/亩施入播种沟，将其余的施入不播种的小垄，要注意种肥隔离，以防烧苗。尿素可在播种时一次性施入，还可以在拔节期、大喇叭口期按前轻后重的原则随水冲施；也可以在拔节期、大喇叭口期按前轻后重的原则追肥，追肥距苗 5～10cm、深 9～12cm，追肥应与浇水相结合进行。

（5）磷肥一般用作基肥，在无肥或无法施用基肥的条件下作为补救措施，可追施磷肥，但必须在作物磷营养临界期前（苗期）进行，如水稻分蘖期、玉米三叶期。

（6）钾肥可基、追结合使用，用作追肥时，应深施覆土，并在作物生长中前期完成，越早越好。

（7）稻田有机肥与化肥作基肥，耕翻后需浇水整地，若氮肥选用的是尿素，需 3～5d后再浇水整地。

（8）要因作物施肥，忌氯作物甜菜、烟草、马铃薯不宜施用氯化钾，要用硫酸钾。

（9）肥料品种视肥源而定，确实买不到配方肥，用其他肥料实施配方施肥的，用量按其含有效养分折算。折算公式：肥料用量＝N（P_2O_5 或 K_2O）的用量/肥料的有效养分含量。

（10）有膜下滴灌条件的地块，锌肥、硼肥、尿素等肥料要结合灌水进行水肥一体化施肥。水肥一体化可节肥 $40\%\sim50\%$，增产 $20\%\sim50\%$。

咨询电话：××××××××

翁牛特旗土壤肥料工作站

第三节　应用效果

为加强示范宣传和校验施肥配方、评价测土配方施肥技术效果，在大面积测土配方施肥田中每 10 000 亩设置 1~2 个对比校正试验示范点。通过田间对比示范，综合比较肥料投入、作物产量、经济效益、肥料利用率等指标，客观评价测土配方施肥效益，为测土配方施肥技术参数的校正及进一步优化施肥配方提供了依据，也使广大农民直观地看到了测土配方施肥的增产增收效果。

一、试验点数量及分布

2006—2015 年，累计设置 269 个对比校正试验示范点次，其中玉米 183 个、谷子 86 个。

对比试验示范点均设置在有代表性的施肥分区，分布于不同土壤类型、不同土壤肥力不同等级耕地上。

二、试验设计及结果

(一)试验处理

试验设测土配方施肥处理区、农民习惯施肥处理区和不施肥处理区（空白）3 个处理，即三区对比试验。对于每一个试验示范点，可以利用 3 个处理之间产量、肥料成本、产值等方面的比较，从增产、增收等角度进行分析对比，也可以通过测土配方施肥产量结果与计划产量之间的比较进行参数校验。

(二)小区面积及田间排列

测土配方施肥处理区 500m² 以上，农民习惯施肥区处理 $200\sim500\text{m}^2$，不施肥处理区（空白）50m²。试验小区田间排列方式见图 7-1。

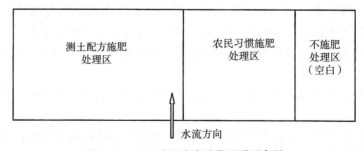

图 7-1　三区对比试验示范田平面布置

(三)施肥种类、量及方法

试验只进行氮、磷、钾 3 种大量元素肥料的对比示范。

测土配方施肥处理只是按照施肥配方要求改变施肥量和方式；习惯施肥处理按照试验

点农民习惯进行施肥管理；空白则不施用任何肥料，其他管理均与习惯施肥处理相同。具体施肥种类及数量见表 7-6。

（四）试验结果

各作物测土配方施肥对比校正试验结果见表 7-6。

三、试验结果分析

（一）分析方法与依据

增产增收效果以不施肥处理区（空白）为对照，分别进行测土配方施肥、农民习惯施肥的相关计算，以《测土配方施肥技术规范》（NY/T 2911—2016）规定的相关计算方法为计算依据。

产品价格、肥料价格均按当地当年市场平均价格计算。

籽粒产品按玉米 2.00 元/kg、谷子 4.00 元/kg。

肥料价格分别按折纯 N 3.48 元/kg、P_2O_5 5.65 元/kg、K_2O 4.33 元/kg 计算。

1. 增产率

增产率是配方施肥产量与对照（习惯施肥或不施肥处理）产量的差值相对于对照产量的比率或百分数。

$$A = \frac{Y_P - Y_K（\text{或} Y_c）}{Y_K（\text{或} Y_c）} \times 100\%$$

式中：A 代表增产率；Y_P 代表测土配方施肥产量（kg/亩）；Y_K 代表不施肥处理产量（kg/亩）；Y_c 代表习惯施肥产量（kg/亩）。

2. 增收

首先根据各处理产量、产品价格、肥料用量和肥料价格计算各处理产值与施肥成本，然后计算配方施肥比对照（习惯施肥或不施肥）新增纯收益。

$$I = [Y_P - Y_K（\text{或} Y_c）] \times P_y - \sum_{i=0}^{n} F_i \times P_i$$

式中：I 代表测土配方施肥比对照施肥增加的收益（元/亩）；Y_P 代表测土配方施肥的产量（kg/亩）；Y_K 代表不施肥对照的产量（kg/亩）；Y_c 代表习惯施肥的产量（kg/亩）；P_y 代表产品价格（元/kg）；F_i 代表肥料用量（kg/亩）；P_i 代表肥料价格（元/kg）。

3. 产出投入比

产出投入比简称产投比，是施肥新增纯收益与施肥成本之比。可以同时计算配方施肥的产投比和习惯施肥的产投比，然后进行比较。产投比小于 1，表明投资亏本；产投比大于 1，表明投资有盈利。

$$D = \frac{[Y_P（\text{或} Y_c） - Y_K] \times P_y - \sum_{i=0}^{n} F_i \times P_i}{\sum_{i=0}^{n} F_i \times P_i}$$

式中：D 代表产投比；Y_P 代表测土配方施肥的产量（kg/亩）；Y_K 代表不施肥处理的产量（kg/亩）；Y_c 代表习惯施肥的产量（kg/亩）；P_y 代表产品价格（元/kg）；F_i 代表肥料用

量（kg/亩）；P_i代表肥料价格（元/kg）。

4. 施肥效应

单位面积每增施 1kg 肥料产生的增产效果为施肥效应。

$$施肥效应 = \frac{配方施肥产量或习惯施肥产量（kg/亩）－不施肥处理产量（kg/亩）}{配方施肥肥料用量或习惯施肥肥料用量（kg/亩）}$$

（二）增产率分析

增产率结果见表 7-7。

1. 玉米

与习惯施肥相比，配方施肥平均增产率为 8.9％。与不施肥相比配方施肥平均增产率为 46.9％。与不施肥相比习惯施肥比增产率为 34.9％。

2. 谷子

与习惯施肥相比，配方施肥平均增产率为 7.0％。与不施肥相比配方施肥平均增产率为 64.8％。与不施肥相比习惯施肥平均增产率为 57.3％。

（三）增收效果分析

增收效果见表 7-8。

1. 玉米配方施肥比习惯施肥平均节本增收 139.1 元/亩，配方施肥比不施肥平均节本增收 396.1 元/亩，习惯施肥比不施肥平均节本增收 257.8 元/亩。

2. 谷子配方施肥比习惯施肥平均节本增收 108.2 元/亩，配方施肥比不施肥平均节本增收 474.2 元/亩，习惯施肥比不施肥平均节本增收 366 元/亩。

（四）产投比分析

产投比见表 7-9。

玉米测土配方施肥肥料产投比平均为 4.2：1，农民习惯施肥肥料产投比平均为 2.4：1，配方施肥比习惯施肥提高 75％。

谷子测土配方施肥肥料产投比平均为 7.9：1，农民习惯施肥肥料产投比平均为 4.5：1，配方施肥比习惯施肥提高 75.6％。

（五）施肥效应分析

施肥效应见表 7-9。

测土配方施肥平均每千克肥料较不施肥对照增产玉米 10.6kg、谷子 9.2kg，农民习惯施肥平均每千克肥料较不施肥处理增产玉米 6.8kg、谷子 5.4kg，产量分别提高了55.9％和 70.4％。

表 7-6 翁牛特旗测土配方施肥对比校正试验结果及施肥量统计（平均值）

作物	年度（年）	测土配方施肥处理产量及施肥量（kg/亩）						农民习惯施肥处理产量及施肥量（kg/亩）						不施肥处理产量（kg/亩）
		单产	N	P_2O_5	K_2O	合计	N∶P∶K	单产	N	P_2O_5	K_2O	合计	N∶P∶K	
玉米	2006	661.3	14.8	5.4	2.6	22.8	1∶0.36∶0.18	608.1	17	6.3	0	23.3	1∶0.37∶0	400.9
	2007	871.0	15.3	5.7	2.5	23.5	1∶0.37∶0.16	796.2	17.6	6.6	0	24.2	1∶0.38∶0	605.7
	2008	778.4	16.4	5.4	1.5	23.3	1∶0.33∶0.09	718.1	26.6	6.7	0.3	33.5	1∶0.25∶0.01	566.6
	平均	770.2	15.5	5.5	2.2	23.2	1∶0.35∶0.14	707.5	20.4	6.5	0.1	27	1∶0.32∶0.005	524.4
谷子	2008	328.9	9.6	3.9	1.1	14.6	1∶0.41∶0.12	307.3	16.1	4.6	0	20.7	1∶0.29∶0	195.3

表 7-7 翁牛特旗测土配方施肥对比校正试验增产增收统计分析

作物	年度（年）	测土配方施肥处理产量及施肥量（kg/亩）								农民习惯施肥处理产量及施肥量（kg/亩）						不施肥处理产量（kg/亩）	
		单产	产值	施肥量	施肥成本	较习惯施肥增产	较习惯施肥增产率（%）	较空白增产	较空白增产率（%）	单产	产值	施肥量	施肥成本	较空白增产	较空白增产率（%）	单产	产值
玉米	2006	661.3	1 322.6	22.8	93.3	53.2	8.8	260.4	65	608.1	1 216.2	23.3	94.8	207.2	51.7	400.9	801.8
	2007	871.0	1 742.0	23.5	96.3	74.8	94	265.3	43.8	796.2	1 592.4	24.2	98.5	190.5	31.5	605.7	1 211.4
	2008	778.4	1 553.8	23.3	94.1	60.3	8.4	211.8	37.4	718.1	1 436.2	33.5	131.7	151.5	26.7	566.6	1 133.2
	平均	770.2	1 540.4	23.2	94.5	62.7	8.9	245.8	46.9	707.5	1 415	27	108.2	183.1	34.9	524.4	1 048.8
谷子	2008	328.9	1 315.6	14.6	60.2	21.6	7.0	133.6	68.4	307.3	1229.2	20.7	82.0	112	57.3	195.3	781.2

表 7-8　翁牛特旗测土配方施肥对比校正试验增产增收统计分析

作物	年度（年）	测土配方施肥处理产量及施肥量（kg/亩）							农民习惯施肥处理产量及施肥量（kg/亩）					不施肥处理产量（kg/亩）	
		单产	产值	施肥量	施肥成本	较习惯施肥增收	较习惯施肥节本增收	较空白增收	单产	产值	施肥量	施肥成本	较空白增收	单产	产值
玉米	2006	661.3	1 322.6	22.8	93.3	106.4	1.5	427.5	608.1	1 216.2	23.3	94.8	319.6	400.9	801.8
	2007	871.0	1 742.0	23.5	96.3	149.6	2.2	434.3	796.2	1 592.4	24.2	98.5	282.5	605.7	1 211.4
	2008	778.4	1 553.8	23.3	94.1	117.6	37.6	326.5	718.1	1 436.2	33.5	131.7	171.3	566.6	1 133.2
	平均	770.2	1 540.4	23.2	94.5	125.4	13.7	396.1	707.5	1 415	27	108.2	257.8	524.4	1 048.8
谷子	2008	328.9	1 315.6	14.6	60.2	86.4	21.8	474.2	307.3	1 229.2	20.7	82.0	366	195.3	781.2

表 7-9　翁牛特旗测土配方施肥对比校正试验产投比及施肥效应分析

作物	年度（年）	测土配方施肥处理产量及施肥量（kg/亩）						农民习惯施肥处理产量及施肥量（kg/亩）						不施肥处理产量（kg/亩）	
		单产	产值	施肥量	施肥成本	产投比	施肥效应	单产	产值	施肥量	施肥成本	产投比	施肥效应	单产	产值
玉米	2006	661.3	1 322.6	22.8	93.3	4.6:1	11.4	608.1	1 216.2	23.3	94.8	3.4:1	8.9	400.9	801.8
	2007	871.0	1 742.0	23.5	96.3	4.5:1	11.3	796.2	15 924	24.2	98.5	2.9:1	7.9	605.7	1 211.4
	2008	778.4	1 553.8	23.3	94.1	3.5:1	9.1	718.1	1 436.2	33.5	131.7	1.3:1	4.5	566.6	1 133.2
	平均	770.2	1 540.4	23.2	94.5	4.2:1	10.6	707.5	1 415	27	108.2	2.4:1	6.8	524.4	1 048.8
谷子	2008	328.9	1 315.6	14.6	60.2	7.9:1	9.2	307.3	1 229.2	20.7	82.0	4.5:1	5.4	195.3	781.2

第八章

主要作物施肥技术

第一节　玉米施肥技术

玉米是翁牛特旗第一大主栽作物。自 2006 年以来，每年播种面积均在 6 万～10 万 hm²，均占当年总播种面积的 50％左右；产量水平一般在 7 500～10 500kg/hm²，高产地块能达到 15 000kg/hm²以上。翁牛特旗玉米主要为水浇地玉米和旱地玉米，以露地、机械沟播大小垄、半覆膜及全覆膜为主要种植方式，种植品种主要有先玉 335、农华 101、京科 968、丰田 12、丰田 13。

一、玉米需肥特性

（一）影响玉米对矿质元素吸收的因素

玉米对矿质元素的吸收量是确定玉米施肥标准的重要依据。玉米一生主要吸收的矿质元素为氮、磷、钾、钙、镁、硫、铁、锌、锰、铜、硼、钼，其中吸收量以氮为最多，磷、钾次之。翁牛特旗土壤肥料工作站多年来的试验数据表明：在 11 250～13 500kg/hm²的目标产量下，不同品种的玉米每生产 100kg 籽粒需吸收氮（N）1.47～1.78kg、磷（P_2O_5）0.36～0.51kg、钾（K_2O）1.39～1.45kg。三要素吸收量为氮＞钾＞磷。另外，玉米对矿质元素的吸收也受产量水平、品种特性、土壤肥力及施肥量等因素的影响，因此，在确定玉米施肥量时应多方面考虑。

1. 产量水平

玉米在不同产量水平条件下对矿质元素的需求量存在一定差异。一般来说，随着产量水平的提高，单位面积玉米吸收的氮（N）、磷（P_2O_5）、钾（K_2O）总量提高。但形成 100kg 籽粒所需的氮（N）、磷（P_2O_5）、钾（K_2O）量却下降，肥料利用率提高。反之，在低产水平条件下，形成 100kg 籽粒所需的矿质元素增加。因此，确定玉米需肥量时应当考虑产量水平间的差异。

2. 品种特性

不同玉米品种间矿质元素需要量差异较大。一般生育期较长、植株高大、适于密植的品种需肥量大。反之，需肥量小。

3. 土壤肥力

肥力较高的土壤含有较多的可供吸收的速效养分，其上植株对氮（N）、磷（P_2O_5）、钾（K_2O）的吸收总量高于低肥力条件土壤。而形成 100kg 籽粒所需氮（N）、磷（P_2O_5）、钾（K_2O）量却降低，说明培肥地力是获得高产和提高肥料利用率的重要保证。

4. 施肥量

产量水平一般随施肥量的增加而提高。形成100kg籽粒所需的氮（N）、磷（P_2O_5）、钾（K_2O）量也随施肥量的增加而提高，肥料养分利用率相对降低。

（二）玉米对矿质元素的吸收特点

1. 对氮、磷、钾元素的吸收特点

玉米不同生育时期对氮（N）、磷（P_2O_5）、钾（K_2O）的吸收量和吸收速度均不同。一般来说：幼苗期吸收养分少；拔节至开花期吸收养分速度快、量多，是玉米需要养分的关键时期；生长发育后期，吸收速度减慢，吸收量也减少。

玉米对氮（N）的吸收以开花期为界，开花期前吸氮量占吸氮总量的70%左右，开花期后吸氮量占30%左右。而开花期前有两个高峰期，一个是拔节期，吸氮量约占吸氮总量的25%，另一个是大喇叭口至抽雄期，吸氮量占吸氮总量的30%左右，是玉米一生中吸氮最快的时期。

春玉米苗期吸磷量占吸磷总量的3.35%。但苗期植株体内磷的浓度最高，为1%左右。所以苗期是春玉米对磷的敏感期，应注意苗期施磷。大喇叭口至灌浆期的一个月内吸磷量最大，占吸磷总量的42.8%，且吸收速率最快。抽雄前一天需磷量最大。

苗期吸钾量少，占吸钾总量的6.57%。拔节至抽雄期吸钾量最大，占吸钾总量的79.2%，花粒期吸钾量又减少，仅占吸钾总量的14.3%。

对籽粒中的氮、磷、钾的来源进行分析，籽粒中的三要素约有60%是由前期器官积累转移而来的，约有40%是后期由根系吸收的。因此，玉米施肥不但要打好前期的基础，而且要保证后期养分的充足供应。

2. 对中量元素的吸收特点

（1）钙。从阶段吸收量来看：玉米苗期吸钙较少，占一生吸钙总量的4.77%～6.19%；穗期吸钙最多，占53.93%～82.13%；籽粒期吸钙量也较多，占11.68%～41.30%。从累计吸收量来看：到大喇叭口期累计吸收量达35.98%～46.23%，到吐丝期达58.70%～88.32%，到蜡熟期达97.63%～98.30%。

（2）镁。从阶段吸镁量来看，玉米苗期吸镁较少，占其一生吸镁总量的5.38%～7.43%，穗期吸镁最多，占56.10%～67.68%，籽粒期吸镁量为24.89%～38.52%。从累计吸收量来看，玉米到大喇叭口期累计吸镁40.20%～42.73%，吐丝期吸镁61.48%～75.11%。而且不同品种每一时期吸镁量存在差异。紧凑型品种在大喇叭口至吐丝期吸镁最多，占其一生吸镁量的34.91%。平展型品种在拔节至大喇叭口期吸镁最多，占其一生吸镁量的37.35%。在密度为7.5万株/hm^2、籽粒产量为11 700kg/hm^2时，每公顷紧凑型夏玉米掖单13吸镁44.738kg，平均每100kg籽粒吸镁0.382kg。

（3）硫。玉米对硫的积累随生育进程的推进而增加。不同品质类型玉米形成100kg籽粒吸收硫的量存在差异。玉米对硫的阶段性吸收为M形曲线。拔节至大喇叭口期、开花至成熟期为吸硫高峰期。吸硫量分别占整个生育期吸硫量的26.10%和25.04%。硫的吸收强度从出苗到拔节期较低。拔节后吸硫强度急剧增大，到大喇叭口期达最大。可见保证拔节到大喇叭口期硫肥的充分供应是非常重要的。此外，开花到成熟期，玉米植株对硫仍保持较高的吸收强度，在田间管理上应注重后期硫肥的充分供给。

3. 对微量元素的吸收特点

（1）锰。玉米对锰的累计吸收量随生育进程的推进而增加，至蜡熟期达最高，成熟期出现损失，平均每公顷吸锰 0.4kg，不同施肥水平条件下玉米的吸锰量表现为高肥＞中肥＞低肥。锰的阶段吸锰量：苗期每公顷吸收 34.5g，占全生育期吸锰总量的 8.8％；拔节至吐丝期，每公顷吸锰 0.3kg，是玉米一生中吸锰最多的阶段，占吸锰总量的 74.6％；吐丝至成熟期，每公顷吸锰 66g，占吸锰总量的 16.6％。锰的吸收强度近似于双峰曲线，大喇叭口期达最高值，为 14.1g/（hm² · d）。

（2）铜。玉米对铜的累计吸收量随生育进程的推进而增加，成熟期达最大值，平均每公顷吸铜 0.15kg，高肥＞中肥＞低肥。铜的阶段吸收量：苗期每公顷吸铜 10.5g，占全生育期吸铜总量的 7％左右；拔节至吐丝期每公顷吸铜 88.5g，是玉米一生中吸铜最多的阶段，占吸铜总量的 57.6％；吐丝至成熟期每公顷吸铜 54 g，占吸铜总量的 35.4％。玉米一生中对铜的吸收强度出现两个峰值，即吐丝期和蜡熟期，分别为 2.57g/（hm² · d）和 2.42g/（hm² · d）。

（3）锌。玉米对锌的累计吸收量随生育进程的推进逐渐增加，蜡熟期最高，成熟期出现损失，平均每公顷吸锌 0.5kg。不同施肥水平条件下玉米的吸锌量表现为高肥＞中肥＞低肥。锌的阶段吸收量：苗期为每公顷吸锌 33g，占全生育期吸锌总量的 6.6％；拔节至吐丝期，每公顷吸锌 0.28kg，是玉米一生中吸锌最多的阶段，占吸锌总量的 56.6％；吐丝至成熟期，每公顷吸锌 0.18kg，占吸锌总量的 36.8％。玉米一生中对锌的吸收强度出现两个峰值，即大喇叭口期和成熟期，分别为 14.97g/（hm² · d）和 4.78g/（hm² · d）。

（4）钼。玉米对钼的累计吸收量随生育进程的推进不断增加，直至成熟期，平均每公顷吸钼 30.15g，不同施肥水平条件下玉米的吸钼量表现为高肥＞中肥＞低肥。钼的阶段吸收比例不同，苗期吸钼量占吸钼总量的 2.3％，拔节至抽雄期为 57.4％，抽雄至成熟期为 42.6％。玉米穗期和籽粒期吸钼较多。钼的吸收高峰在大喇叭口期，其值为 0.83g/（hm² · d）。

（5）铁。玉米对铁的累计吸收量随生育进程的推进不断增加，至成熟期达最大值，平均每公顷吸铁 1.93kg，不同施肥水平条件下玉米的吸铁量表现为高肥＞中肥＞低肥。铁的阶段吸收量：苗期每公顷吸铁 79.5g，占一生吸铁总量的 4.1％；拔节至吐丝期，每公顷吸铁 1.17kg，占吸铁总量的 60.7％，这一阶段铁的吸收量最大；吐丝至成熟期，每公顷吸铁 0.68kg，占 35.2％；灌浆期对铁的需求仍较大；玉米一生中对铁的吸收强度出现两个峰值，在吐丝期和蜡熟期，吸收强度分别为 36.56g/（hm² · d）和 36.3g/（hm² · d）。

二、玉米营养失调症及其防治方法

（一）氮失调诊断及防治方法

1. 氮丰缺症

玉米植株缺氮时，生长缓慢，株型矮小，茎细弱，叶包褪淡，叶片由下而上失绿黄化，症状从叶尖沿中脉间向基部发展，先黄后枯，呈 V 形，中下部茎秆常为红色或紫红色，果穗变小，缺粒严重，成熟期提早，产量和品质下降。

氮过多会使玉米生长过旺、引起徒长，使叶色深浓、叶面积过大、田间相互遮阳严重、糖类消耗过多、茎秆柔弱、纤维素和木质素减少、易倒伏，使组织柔嫩、易感病虫害。另外，氮肥使用过多会使作物贪青晚熟、产量和品质下降。

2. 防治方法

（1）缺氮症的防治。

①培肥地力，提高土壤供氮能力。对于新开垦的、熟化程度低的、缺乏有机质的土壤及质地较轻的土壤，要增加有机肥的投入，培肥地力，以提高土壤的保氮和供氮能力，防止缺氮症的发生。

②在大量施用碳氮比高的有机物料（如秸秆）时，应注意配施速效氮肥。

③在翻耕整地时，配施一定量的速效氮肥作基肥。

④对于地力不均引起的缺氮症，要及时追施速效氮肥。

⑤必要时喷施叶面肥（0.2％的尿素）。

（2）氮过剩症的防治。

①根据玉米不同生育时期的需氮特性和土壤供氮特点，适时、适量地追施氮肥，应严格控制用量，避免追施氮肥过晚。

②在合理轮作的前提下，以轮作制为基础，确定适宜的施氮量。

③合理配施磷、钾肥，以保持植株体内氮、磷、钾的平衡。

（二）磷失调诊断及防治方法

1. 磷丰缺症

玉米缺磷时，生长缓慢，植株矮小、瘦弱，从幼苗开始，在叶尖部分沿叶缘向叶鞘发展，呈深绿带紫红色，逐渐扩大到整个叶片，症状从下部叶转向上部叶，甚至全株紫红色，严重缺磷时叶片从叶尖开始枯萎呈褐色，抽丝吐丝延迟，雌穗发育不完全、弯曲畸形、结实不良、秃尖。

磷肥施用过量造成叶片肥厚而密集，叶色浓绿，植株矮小，节间过短，出现生长明显受抑制的症状。繁殖器官常因磷肥过量而加速成熟进程，由此造成营养体小、茎叶生长受抑制、产量低。磷过剩症有时与微量元素缺乏症伴生。

2. 防治方法

（1）合理施用磷肥。

①早施、集中施用磷肥。通常50％的磷是在植株干物质积累达到总生物量的25％以前时吸收的，且磷在作物体内的再利用率较高，生育前期吸收积累充足的磷，后期一般就不会因缺磷而导致作物减产。所以，磷肥必须早施。同时，由于磷在土壤中的移动性较小，而生育前期作物根系的分布空间有限，不利于对磷的吸收，所以磷肥要适当集中施用，如蘸根、穴施、条施等。

②选择适当的磷肥品种。一般以土壤的酸碱性为基本依据。在中性或石灰性土壤上宜选用过磷酸钙、磷酸一铵、腐殖酸磷肥或复混肥。

③配施有机肥。配施有机肥，以减少土壤对磷的固定，促进微生物的活动和磷的转化与释放，提高土壤中磷的有效性。

（2）田间管理措施。

①选择适当的品种。一是选用耐缺磷的玉米品种，二是对易受低温影响而诱发缺磷的玉米，可选用生育期较长的中、晚熟品种，以减少或预防缺磷症的发生。

②培育壮苗。在土壤上施足磷肥及其他肥料，适时播种，培育壮苗。壮苗抗逆能力强，根系发达，有利于生育前期对磷的吸收。

③水分管理。对于有地下水渗出的土壤，要因地制宜开挖拦水沟和引水沟，及时排除冷水，提高土壤温度和磷的有效性。防止缺磷发僵。

（三）钾失调诊断及防治方法

1. 钾缺乏症

玉米缺钾症多发生在生育中后期，表现为植株生长缓慢、矮化，中下部老叶叶尖及叶缘黄化、焦枯，节间缩短，叶片长，茎秆短，二者比例失调而呈现叶片密集堆叠矮缩的异常株型。茎秆细小柔弱，易倒伏，成熟期推迟，果穗发育不良，形小粒少，籽粒不饱满，产量锐减；籽粒淀粉含量低，皮多质劣。严重缺钾时，植株首先在下部老叶上出现失绿并逐渐坏死，叶片暗绿无光泽。

2. 防治方法

（1）合理施用钾肥。

①确定钾肥的施用量。切忌盲目施用钾肥。一般每亩施用 $6\sim10kg$ 钾肥（以 K_2O 计）。

②选择适当的钾肥施用期。由于钾在土壤中较易淋失，钾肥的施用应做到基肥与追肥相结合。在严重缺钾的土壤上，化学钾肥作基肥的比例应适当大一些，当然还需考虑是否有其他钾源。在作物吸氮高峰期（如玉米在分蘖期、大喇叭口期等）要及时追施钾肥，以防氮、钾比例失调而引发缺钾症。在有其他钾源（如秸秆、有机肥、草木灰等）作基肥时，化学钾肥以在生育中后期作追肥为宜。

③广辟钾源。充分利用秸秆、有机肥和草木灰等钾肥资源，实行秸秆还田，促进农业生态系统中钾的循环和再利用，缓解钾肥供需矛盾，能有效地防止钾营养缺乏症的发生。

（2）田间管理措施。

①控制氮肥用量。目前生产上缺钾症的发生在相当大的程度上是由氮肥施用过量引起的，在供钾能力较低或缺钾的土壤上确定氮肥用量时，尤其需要考虑土壤的供钾水平，在钾肥施用得不到充分保证时，更要严格控制氮肥的用量。

②水分管理。开沟排水与施用钾肥相结合的方法防治缺钾症的效果更为显著。

（四）硼失调诊断及防治方法

1. 硼丰缺症

玉米缺硼时，上部叶片发生不规则的褪绿白斑或条斑，果穗畸形，行列不齐，着粒稀疏，籽粒基部常有带状褐色。玉米硼中毒时，叶缘黄化，果穗多秃顶，植株提早干枯，产量明显降低。

2. 防治方法

（1）缺硼症的防治。

①施用硼肥。施用硼肥时最需注意的是用量问题，少了不起作用，多了极易产生毒

害。现将施用硼肥的主要技术介绍如下：

土施：一般作基肥施用。同时，可与磷肥、有机肥等混合后施用，以提高施用硼肥的均匀性。若作种肥施用，还须避免与种子直接接触。值得注意的是，基施硼肥的后效明显，不需要每年以上述用量施用硼肥，否则有可能造成硼过量而发生中毒。

浸种：一般种子用 $0.01\%\sim0.03\%$ 硼砂或硼酸溶液浸种，浸种时间取决于种子的大小，一般在 $12\sim24h$。

叶面喷施：用 $0.1\%\sim0.2\%$ 硼砂或硼酸溶液喷施，一般每亩硼肥用量为 $0.1kg$。还需注意，硼砂是热水溶性的，配制时需用热水溶解，再稀释至需要的浓度。

②增施有机肥。一方面，有机肥本身含有硼，全硼含量通常在 $20\sim30mg/kg$，施入土壤后，随着有机肥的分解可释放出来，提高土壤供硼水平；另一方面，还能提高土壤有机质含量，增加土壤有效硼的储量、减少硼的固定和淋失，协调土壤供硼强度和容量。

③合理施用氮、磷、钾肥。控制氮肥用量，防止过量施用氮肥引起硼的缺乏；适当增施磷、钾肥，促进根系的生长，增强根系对硼的吸收。

（2）硼过剩的防治。

①作物布局。在有效硼高于临界指标的土壤上，安排种植对硼耐性较强的作物品种。

②控制灌溉水质量。尽量避免用含硼量高（$\geqslant1.0mg/kg$）的水源作为灌溉水源。

③合理施用硼肥。在严格控制硼肥用量的基础上，努力做到均匀施用；叶面喷施硼肥时必须注意浓度，防止因施用不当而引起硼中毒。

（五）锰失调诊断及防治方法

1. 锰丰缺症

玉米缺锰时叶片柔软下披，新叶脉间出现与叶脉平行的黄色条纹。根纤细，长而白。锰中毒的症状是根系褐变坏死，叶片上出现褐色斑点或叶缘黄白化，嫩叶上卷。锰过剩还会抑制钼的吸收，导致缺钼症状的出现。

2. 防治方法

（1）缺锰症的防治。

①增施有机肥。有机肥含有一定量的有效锰和有机结合态锰。施入土壤后，前者可直接供给作物吸收利用，后者随有机肥的分解而释放出来，也可被作物吸收利用。此外，有机肥在土壤中分解产生各种有机酸等还原性中间产物，可明显促进土壤中氧化态锰的还原，提高土壤锰的有效性。

②施用锰肥。锰肥作基肥的施用效果要好于作追肥。用硫酸锰作基肥时，通常用量为每亩 $1\sim2$ kg。对已出现缺锰症状的田块，可采用叶面喷施的方法来防治。一般用 $0.1\%\sim0.2\%$ 的硫酸锰，每亩锰肥用量为 $0.1\sim0.2kg$，间隔 $7\sim10d$ 连续喷施数次。

（2）锰中毒的防治。

①改善土壤环境。加强土壤水分管理，及时开沟排水，防止因土壤渍水而使大量的锰被还原、引发锰中毒。

②选用耐性品种。合理选用耐锰的品种，可预防锰中毒症的发生。

③合理施肥。施用钙镁磷肥、草木灰等碱性肥料和硝酸钙、硝酸钠等生理碱性肥料，

可以中和部分中酸性离子，降低土壤中锰的活性。尽量少施过磷酸钙等酸性肥料和硫酸铵、氯化铵、氯化钾等生理酸性肥料，以避免锰中毒症状的发生。

（六）锌失调诊断及防治方法

1. 缺锌症

玉米对缺锌非常敏感，出苗后 1～2 周内即可出现缺锌症状，病情较轻时可随气温的升高而逐渐消退。拔节后中上部叶片中脉和叶缘之间出现黄白色失绿条纹，严重时白化斑块变宽，叶肉组织消失而呈半透明状，易撕裂，下部老叶提前枯死。同时，节间明显缩短，植株严重矮化；抽雄、吐丝延迟，甚至不能正常吐丝，果穗发育不良，缺粒和秃尖严重。

作物锌中毒的症状为叶片黄化，进而出现赤褐色斑点。锌过量还会阻碍铁和锰的吸收。有可能诱发缺铁或缺锰。

2. 防治方法

（1）缺锌症的防治。

①改善土壤环境。可秋季翻耕晒垡，提前落干、搁田、烤田等技术措施提高锌的有效性。

②合理平整耕地。先将表层土壤集中堆置，把心土、底土平整后再覆以表土，保持表层土壤的有效锌水平，防止旱地作物缺锌。

③选用耐性品种。充分利用各种耐低锌的种质资源，有效地预防作物缺锌症的发生。

④合理施肥。在低锌土壤上要严格控制磷肥和氮肥用量，避免一次性大量施用化学磷肥，尤其是过磷酸钙；在缺锌土壤上则要做到磷肥与锌肥配合施用；同时，还应避免磷肥过分集中，防止局部磷、锌比例的失调而诱发缺锌。

⑤增施锌肥。锌肥以作基肥为宜。用硫酸锌作基肥时，通常每亩用量为 1～2kg，对于固定锌能力较强的土壤，应适当增加施锌量，每亩可用 2～3kg 硫酸锌作基肥。另外，还可叶面喷施锌肥，一般用 0.15%～0.30% 的硫酸锌，每亩锌肥用量为 0.1～0.2kg，生育期间连续喷施 2～3 次，间隔时间为 5～7d。同时，锌肥的当季利用率较低，残效明显，不一定每年都要重复施用锌肥。

（2）锌中毒的防治。

①控制污染。严格控制工业"三废"的排放，适时监测，谨防其对土壤的污染。

②合理施用锌肥。根据作物的需锌特性和土壤的供锌能力，确定适宜的锌肥施用量、施用方法及施用年限等，防止因锌肥过量施用而引起锌中毒。

③慎用含锌有机废弃物。用城市生活垃圾、污泥等含锌废弃物作有机肥施用时，要严格监控，用量和施用年限应严格控制在土壤环境容量允许的范围内。

三、玉米合理施肥的原则和方法

（一）大量元素施用的原则和方法

1. 施肥原则

有机肥与无机肥配合，氮、磷、钾肥与微肥配合，平衡施肥，才能达到提高土壤肥力、增加产量的目的。

2. 施肥方法

（1）基肥。玉米基肥以有机肥为主，基肥的施用方法有撒施、条施和穴施，施用方法因基肥施用量、质量而异。春玉米高产田每公顷施有机肥 30 000kg，混合施入无机肥，结合秋耕翻施入。有机肥养分完全、肥效长，具有改土培肥作用，能减少土壤中养分的固定，提高化肥肥效及降低生产成本。因此我国许多专家主张有机肥和无机肥的纯氮比应保持在 7∶3（最好不小于 1）。

翁牛特旗旱地无灌溉条件，因此旱地玉米也可将部分无机肥结合秋耕翻整地作基肥深压入土壤中，也有明显的增产效果。

为了培肥土壤，实行玉米秸秆还田，做到用地与养地相结合，已在翁牛特旗开始实施。实践证明，玉米秸秆还田对于提高土壤有机质含量具有重要作用。秸秆还田有效改善了土壤理化性质，使速效钾增加 10.8mg/kg、有效磷增加 1.3mg/kg、有机质增加 7.3g/kg。同时在平均每亩地增产 65kg 的基础上节省了磷酸二铵、尿素和钾肥的施用量，从而实现了节本增收。

（2）种肥。结合播种施入种肥，主要是为了满足幼苗对养分的需要、培育壮苗。土壤肥力低，基肥用量少或未施基肥的玉米田施用种肥增产效果更显著。种肥采用条施或穴施，施于种子下方或旁边，使其与种子隔离或与土混合，以防烧种缺苗。

（3）追肥。追肥时期、次数和量要根据玉米的需肥规律、地力基础、施肥量、基肥和种肥施用情况以及玉米生长状况确定。玉米追肥可分为攻秆、攻穗和攻粒 3 次施用。第一次在 7～8 片叶展开后（6 月 15 日前后）玉米拔节期施入，也称为攻秆肥。这次追肥的主要目的是促进春玉米植株健壮生长，有利于雄、雌穗分化。第二次在玉米 11～12 片叶展开时（7 月 10 日前后），是玉米的大喇叭口期，此次追肥也称为攻穗肥。这次追肥促进春玉米中上部叶片增大，延长其功能期，促进雌穗的良好分化和发育，对保证穗大粒多极为重要，是玉米追肥的高效期。第三次是在玉米抽雄吐丝后追施，也称为粒肥，粒肥对减少小花败育、增加籽粒数、防止后期脱肥叶片早衰、提高叶片的光合效率、保证籽粒灌浆、提高粒重具有重要作用。

此外，在开花期喷施磷酸二氢钾和微肥均有促进籽粒形成、提早成熟、增加产量的作用。

（二）中、微量元素施用的原则和方法

1. 施肥原则

中、微量元素采用因缺补缺、矫正施用的原则。

2. 施肥方法

（1）基肥。锌肥基施效果最好，基施每亩用硫酸锌 1～2kg，至少可维持两年的后效。锰肥作基肥施用，每亩可用硫酸锰 1～2kg。条施和穴施比撒施效果好，拌入硫酸铵等酸性肥料效果更好，可提高锰的有效性。铜肥可作基肥施入土中，每亩用硫酸铜一般为 0.4kg，多者不宜超过 2.0kg。撒施或条施，施均。铜肥的后效比较显著，一次适量施用铜肥可能维持 2～8 年。钼肥作基肥，一般每亩用量为 5～10g，可与其他肥料混合或单独混合土沙，均匀施入土中。

（2）种肥。锌肥浸种用 0.02%～0.05% 硫酸锌溶液；锰肥浸种可用硫酸锰配成

0.05％～0.10％的溶液，浸种 12～24h，拌种用量为每千克种子用硫酸锰 4～6g。用硫酸铜拌种为每千克种子用 0.2～0.5g。用铜肥浸种，硫酸铜浓度为 10～50mg/kg。用于浸种可将钼酸盐配成 0.05％～0.10％的溶液，每千克种子约需 1kg 溶液，浸种 12h 左右。

（3）叶面喷肥。锌肥可用 0.2％的硫酸锌溶液；锰肥以采用 0.2％的硫酸锰溶液为宜；铜肥可将硫酸铜配成 0.02％～0.20％的溶液。均匀喷于叶片上。钼肥叶面喷施常用钼酸铵，浓度为 0.01％～0.10％，每亩用 25～50kg 溶液。

四、推荐施肥技术及方法

（一）增施有机肥，秸秆还田

每公顷增施商品有机肥 2 250kg 以上，或 7 500kg 秸秆还田。秸秆还田可以结合免耕耙茬、免耕留高茬直接播种进行，也可以结合机械收割直接粉碎还田。

（二）测土配方，施足施好基肥、种肥

基肥以化肥为主，根据土壤养分情况，设计好各种养分配比及用量。化肥施用量：单产 9 000～9 750kg/hm^2 时，施有机肥 15 000kg/hm^2，氮、磷、钾肥总施用量（纯量）216～325kg/hm^2，$N : P_2O_5 : K_2O = 1 : 0.5 : 0.14$，折合尿素 230～410kg/hm^2、磷酸二铵 145～185kg/hm^2、氯化钾 30～40kg/hm^2、硫酸锌 15～22.5kg/hm^2；单产 9 750～11 250kg/hm^2 时，施有机肥 22 500kg/hm^2，氮、磷、钾肥总施用量（纯量）261～377kg/hm^2，$N : P_2O_5 : K_2O = 1 : 0.59 : 0.18$，折合尿素 245～435kg/hm^2、磷酸二铵 190～225kg/hm^2、氯化钾 45～55kg/hm^2、硫酸锌 22.5～30kg/hm^2；单产 12 000～15 000kg/hm^2 时，施有机肥 30 000kg/hm^2，氮、磷、钾肥总施用量（纯量）437～555kg/hm^2，$N : P_2O_5 : K_2O = 1 : 0.38 : 0.23$，折合尿素 500～730kg/hm^2、磷酸二铵 225～300kg/hm^2、氯化钾 105～135kg/hm^2、硫酸锌 30.0～37.5kg/hm^2。

基肥施用方法：提倡秋施肥，将总肥料的 2/3 作基肥，于头年秋季结合整地深施，深度为 5～7cm，剩余 1/3 作种肥随播种一次性施入；也可以用 48％～51％的玉米一次型配方肥进行一次性施肥。根据土壤肥力和作物产量施用，产量为 9 000～9 750kg/hm^2 时，在每公顷施用有机肥 15 000kg 的基础上，每公顷施用 48％～51％的玉米一次型配方肥 600～675kg，还需要施尿素 97.5 kg；产量为 9 750～11 250kg/hm^2 时，在每公顷施用有机肥 30 000kg 的基础上，每公顷施用 48％～51％的玉米一次型配方肥 675～750kg，还需要施尿素 97.5～120kg；产量为 12 000～15 000kg/hm^2 时，在每公顷施用有机肥 30 000kg 的基础上，施用 48％～51％的玉米一次型配方肥 825～1 050kg，还需要施尿素 127.5～232.5kg。施用方法：玉米一次型配方肥 112.5kg/hm^2，施入播种沟，其余施入不播种的小垄，要注意种肥隔离，以防烧苗。

（三）适时追肥

如果没进行一次性施肥，按上述尿素的施用量，在玉米拔节期的 6～7 片叶和大喇叭口期的 13～14 片叶时追肥，按前轻后重的原则，拔节期追 1/3，大喇叭口期追 2/3，追肥距苗 5～10cm、深 9～12cm，追肥应与浇水结合进行。苗期至拔节期可叶面喷施尿素 5.0～7.5kg/hm^2，有条件的可结合灌水进行追肥，水肥一体化效果更好。

（四）合理施用微肥和叶面肥

根据土壤微量元素含量，结合苗期长势补施锌肥等微量元素肥料，喷施相应叶面肥。苗期、拔节期可叶面喷施 0.2%～0.4%的硫酸锌溶液，每次 750kg/hm²，还可以视苗情适时叶面喷施喷施宝等叶面肥。

第二节　谷子施肥技术

一、谷子需肥特性

谷子一生中有 16 种元素（碳、氢、氧、氮、磷、钾、钙、镁、硫、硼、锰、铜、锌、钼、铁、氯）是必需的，其中氮、磷、钾需要量最大。谷子虽具有耐瘠的特点，但要获得高产，必须充分满足其对养分的需要。

谷子在不同生长发育阶段吸收氮、磷养分的量有明显不同。苗期生长缓慢，需氮较少，占全生育期需氮总量的 4%～5%。拔节至抽穗期，进入营养生长与生殖生长并进时期，是全生育期第一个吸收养分的高峰期，在此阶段吸氮量最大，占全生育期总需氮量的45%～50%。籽粒灌浆期需氮减少，占总需氮量的 30%以上。

不同生育时期对磷的吸收与分配规律：叶原基分化期，磷主要分配在新生的心叶，占全株磷总量的 19.6%；生长锥伸长期，主要分配在生长锥、幼茎，占全株磷总量的 10%；枝梗分化期与小穗分化期是需磷的高峰期，磷主要分配在幼穗，占全株磷总量的20.95%；抽穗期、开花期、乳熟期，磷在植株各器官呈均匀分布状态。如抽穗期，磷在叶片的分布为 3.0%～8.7%、在叶鞘的分布为 3.4%～4.9%、在茎的分布为 4.1%～4.6%、在穗的分布为 4.5%。

钾有促进糖类养分合成和转化的作用，促进养分向籽粒输送，增加籽粒重量，促进谷子体内纤维素含量的增高，因而使茎秆强韧，增强抗倒伏和抗病虫的能力。谷子幼苗期需钾较少，约占 5%。拔节后，由于茎叶生长迅速，钾的吸收量增多。从拔节到抽穗前的一个月内，钾的吸收量达到 60%，为谷子对钾营养的吸收高峰。一般谷子在抽穗前 28d，每公顷积累钾 136.98kg，占全生育期钾积累量的 50.7%，吸收强度为 4.89kg/（hm² · d），抽穗后又逐渐减少。成熟时谷子体内钾含量高于氮、磷。

二、谷子缺素症状

缺氮：老叶黄化、早衰、新叶淡绿；植株矮小，非正常早熟。

缺磷：茎叶暗绿带紫色、分蘖少。

缺钾：叶尖及边缘先枯黄、穗不齐、穗小、早衰。

三、施肥原则

1. 有机肥、无机肥配合的原则

增施有机肥，合理施用化肥。

2. 施足基肥的原则

磷、钾肥全部用作基肥、种肥，氮肥 10%用作基肥、90%用作追肥。

3. 测土配方、平衡施肥的原则

结合土壤供肥性能、谷子需肥规律及肥料特性，测土配方施肥，合理配合施用氮、磷、钾三要素肥料。

四、推荐施肥技术及方法

1. 增施有机肥

每公顷增施商品有机肥 1 500kg 以上。

2. 测土配方，施足施好基肥、种肥

基肥以化肥为主，根据土壤养分情况，设计好各种养分配比及用量。化肥施用量：单产 3 750～4 500kg/hm² 时，施有机肥 7 500kg/hm²，氮、磷、钾肥总施用量（纯量）104.4～257.6kg/hm²，$N：P_2O_5：K_2O=1：0.5：0.07$，折合尿素 117～241.5kg/hm²、磷酸二铵 72.0～175.5kg/hm²、氯化钾 7.5～57.0kg/hm²；单产 6 000～7 500kg/hm² 时，施有机肥 30 000kg/hm²，氮、磷、钾肥总施用量（纯量）257.7～426.6kg/hm²，$N：P_2O_5：K_2O=1：0.44：0.23$，折合尿素 277.5～435.0kg/hm²、磷酸二铵 147.0～262.5kg/hm²、氯化钾 60.0～97.5kg/hm²。

基肥施用方法：提倡秋施，将总肥料的 2/3 用作基肥，于头年秋季或春季结合整地深施，深度为 5～7cm，剩余 1/3 作种肥随播种一次性施入。

3. 适时追肥

如果没进行一次性施肥，按上述尿素的施用量，有灌溉条件的地区在施足基肥的基础上，拔节期结合灌水追施尿素，满足中、后期对养分的需要。

苗期至拔节期还可叶面喷施尿素 5.0～7.5kg/hm²，膜下滴灌的地块可结合灌水施肥，水肥一体化肥效更好。

4. 合理施用叶面肥

可以视苗情适时叶面喷施喷施宝等叶面肥。

第三节　高粱施肥技术

一、高粱需肥特性

高粱是需肥较多的作物，在生长发育过程中需要吸收大量养分。应按照高粱生长发育对养分的需要，结合当地具体条件，做到经济合理施肥，提高施肥的科学性，达到增加产量、降低生产成本的目的。

高粱不同生育时期吸收氮、磷、钾的速度和量是各不相同的。苗期生长缓慢、植株小，需要的养分也少，苗期吸收的氮为全生育期的 12.4%、磷为 6.5%、钾为 7.5%。拔节至开花期，由于茎叶生长加快、幼穗分化，吸收营养急剧增加，吸收氮占全生育期氮总量的 62.5%、磷占 52.9%、钾占 65.4%，三种元素均超过总量的一半。该阶段是需肥的关键时期，此时供给充足的营养物质，能促进穗大粒多。开花至成熟期，高粱植株吸收养分的速度与量逐渐减小，吸收的氮占全生育期总量的 25.1%、磷占 40.6%、钾占 27.1%。但这一阶段的营养供应状况直接影响籽粒灌浆，养分充足可提高灌浆速度，使籽粒饱满、粒重增加。

二、高粱缺素症状

1. 缺氮

高粱缺氮时，由于蛋白质和叶绿素的合成受阻，幼苗生长缓慢，植株茎叶细小而弱，叶绿素含量降低，叶片发黄，黄化从叶尖开始，然后延中脉延伸，出现 V 形黄化，严重时整个叶片发黄，直到干枯死亡呈棕色。在缺氮的条件下，下部老叶中的蛋白质分解，并把氮转移到生长旺盛的部分。所以，就一株高粱而言，缺氮症状首先表现为老叶先发黄，然后才逐渐向嫩叶扩展。

2. 缺磷

植株矮小，生长停滞，茎细，茎叶呈紫红色。

3. 缺钾

老叶和叶缘发黄，进而变褐，焦枯似灼烧状；叶片上出现褐色斑点或斑块，但叶中部、叶脉和近叶脉处仍为绿色。随着缺钾程度的加剧，整个叶片变为红棕色或干枯状，坏死脱落；根系短而少，易早衰，严重时腐烂，易倒伏。

4. 缺钙

与玉米缺钙有相同的症状。呈现两叶相连、牛尾状，叶片出现破裂是其典型的症状。

三、施肥原则

1. 有机肥、无机肥配合的原则

增施有机肥，合理施用化肥。

2. 施足基肥的原则

磷、钾肥全部用作基肥、种肥，氮肥 10％用作基肥、90％用作追肥。

3. 测土配方、平衡施肥的原则

结合土壤供肥性能、高粱需肥规律及肥料特性，测土配方施肥，合理配合施用氮、磷、钾三要素肥料。

4. 注重微肥和叶面肥施用原则

结合土壤养分测试和苗情长势，合理增施微量元素肥料，适时适量喷施叶面肥。

四、推荐施肥技术及方法

1. 增施有机肥，秸秆还田

每公顷增施商品有机肥 1 500kg 以上，或秸秆还田 6 000kg。秸秆还田可以结合免耕耙茬、免耕留高茬直接播种进行，也可以结合机械收割直接粉碎还田。

2. 测土配方，施足施好基种肥

基肥以化肥为主，根据土壤养分情况，设计好各种养分配比及用量。化肥施用量：单产 6 000～8 250kg/hm² 时，施有机肥 15 000kg/hm²，氮、磷、钾肥总施用量（纯量）277.2～314.0kg/hm²，$N：P_2O_5：K_2O=1：0.52：0.23$，折合尿素 210.0～292.5kg/hm²、磷酸二铵 180～210kg/hm²、氯化钾 60～75kg/hm²、硫酸锌 15.0～22.5kg/hm²；单产

8 250～10 500kg/hm² 时，施有机肥 15 000kg/hm²，氮、磷、钾肥总施用量（纯量）279.6～361.4kg/hm²，N：P_2O_5：K_2O＝1：0.58：0.38，折合尿素 240.0～367.5kg/hm²、磷酸二铵 180～195kg/hm²、氯化钾 90.0～112.5kg/hm²、硫酸锌 22.5～30.0kg/hm²。

基肥施用方法：提倡秋施肥，将总肥料的 2/3 用作基肥，于头年秋季结合整地深施，深度为 5～7cm，剩余 1/3 作种肥随播种一次性施入。

3. 适时追肥

按上述尿素的施用量，在高粱拔节期和大喇叭口期时追肥，按前轻后重的原则，拔节期追 1/3，大喇叭口期追 2/3。追肥距苗 5～10cm、深 9～12cm，追肥应与浇水结合进行。苗期至拔节期可叶面喷施尿素 5.0～7.5 kg/hm²，有条件的可结合灌水进行追肥，水肥一体化效果更好。

4. 合理施用微肥和叶面肥

根据土壤微量元素含量，结合苗期长势，补施锌等微量元素肥料，喷施相应叶面肥。苗期、拔节期可叶面喷施 0.2％～0.4％的硫酸锌溶液，每次 750kg/hm²，还可以视苗情，喷洒促熟植物激素或生长调节剂等。适时叶面喷施喷施宝等叶面肥。对高粱起促熟增产作用的植物激素主要有乙烯利等。

第四节　马铃薯施肥技术

近年来，翁牛特旗马铃薯年播种面积 0.7 万 hm² 左右，约占总播种面积的 2.6％。种植方式主要为旱作、垄作。种植品种主要有费乌瑞特、克新 4 号、克新 1 号。产量水平为 22.5～60.0t/hm²，高产地块为 90t/hm² 以上。脱毒种薯的应用在 90％以上。

一、马铃薯需肥特性

马铃薯是高产喜肥作物，需肥量较大，合理增施肥料是大幅度提高产量和改善品质的有效措施。马铃薯是典型的喜钾作物，在肥料三要素中，需钾最多、氮次之、磷较少。每生产 1 000kg 块茎（鲜薯）产品，需要从土壤中吸收氮（N）4～6kg、磷（P_2O_5）2～3kg、钾（K_2O）10～13kg，氮、磷、钾吸收比例为 1：0.4：2.3，这与其他作物大不一样。此外，硫、钙、硼、铜、镁、锌、钼等中、微量元素也是马铃薯生长发育所必需的。马铃薯是忌氯作物，不能大量施用含氯的肥料，如氯化钾等。

氮肥促进植株茎叶生长和块茎淀粉、蛋白质的积累。适量施氮，马铃薯枝叶繁茂、叶色浓绿，可提高块茎产量和蛋白质含量。但氮肥过多，易引起植株徒长，延迟结薯而影响产量。

磷肥虽然需求量少，却是植株生长发育不可缺少的肥料。磷能促进马铃薯根系生长、植株发育健壮，还可促进早熟、增进块茎品质和提高耐储性。

钾元素是马铃薯生长发育的重要元素，尤其是苗期，钾肥充足，植株健壮，茎秆坚实，叶片增厚，抗病力强。钾对光合作用和后期淀粉形成、积累具有重要作用。

硼有利于薯块膨大，防止龟裂。

马铃薯在不同的生育阶段需要的养分种类和量都不同。幼苗期吸肥很少，发棵期陡然上升，到结薯初期（现蕾开花期）吸肥量达到顶峰，然后又急剧下降。按氮、磷、钾三要素占总吸肥量的百分比计算，从发芽期到出苗期氮、磷、钾分别为6％、8％和9％，发棵期分别为33％、34％和36％，结薯期分别为56％、58％和55％。

马铃薯吸肥总趋势是前、中期较多，后期较少，且只有一个需肥高峰。幼苗期需肥较少，占全生育期需肥总量的20％左右，块茎形成至块茎增长期（现蕾至开花期）需肥最多，占全生育期需肥总量的60％以上，淀粉积累期需肥量又减少，占全生育期需肥总量的20％左右。各生育时期吸收氮、磷、钾的情况是苗期需氮较多，中期需钾较多，整个生长期需磷较少。可见，块茎形成与增长期养分的充足供应对提高马铃薯的产量和淀粉含量起着重要作用。

二、马铃薯缺素症状

1. 缺氮

开花前显症，植株矮小，生长弱，叶色淡绿，继而发黄，到生长后期，基部小叶的叶缘完全失去绿色而皱缩，有时呈灼烧状，叶片脱落。补救措施为于苗期、始花期追施适量氮肥。

2. 缺磷

早期缺磷影响根系发育和幼苗生长。孕蕾至开花期缺磷，叶部皱缩，呈深绿色，严重时基部叶变为淡紫色，植株僵立，叶柄、小叶及叶缘朝上，不水平展开，小叶面积缩小，色暗绿。缺磷过多时，植株生长受影响，薯块内部易产生铁锈色痕迹。补救措施为可于开花期追施适量磷肥，或叶面喷洒0.2％～0.3％的磷酸二氢钾。

3. 缺钾

缺钾症状出现较迟，一般到块茎形成期才出现，叶片皱缩，叶片边缘和叶尖萎缩，甚至呈枯焦状，枯死组织棕色，叶脉间具青铜色斑点。茎上部节间缩短，茎叶过早干缩，产量严重降低。补救措施为可在始花期追施适量钾肥，也可在收获前40～50d，叶面喷施1％的硫酸钾或0.2％～0.3％的磷酸二氢钾水溶液1～2次。

4. 缺硼

生长点与顶芽尖端死亡，侧芽生长迅速，节间短，全株呈矮丛状。叶片增厚，边缘向上卷曲，根短且粗，褐色，根尖易死亡，块茎小，表面上常现裂痕。补救措施为可于苗期至始花期穴施硼砂3.75～11.25kg/hm²，也可在始花期喷施0.1％的硼砂溶液。

三、施肥原则、技术及方法

根据马铃薯的生长发育特性及吸肥、需肥规律，马铃薯施肥应采用前促、中控、后补的原则，要求重农肥、控氮肥、增磷肥、补钾肥。施肥以基肥、种肥为主，以追肥为辅，重施基肥、早施追肥，重施有机肥、配施磷钾肥。

1. 施足基肥、种肥

根据马铃薯需肥规律和土壤养分含量情况确定施肥量和施肥种类。一般施用优质农家肥33.3～66.6t/hm²作基肥，结合整地施入土壤，可撒施，也可集中条施于播种沟下。

结合播种施入一定量化肥作种肥，种肥要控制氮肥用量，不可过多。化肥施用量：单产

22.5～35t/hm^2（鲜薯）时，氮、磷、钾肥总施用量（纯量）337kg/hm^2，N：P$_2$O$_5$：K$_2$O=1：0.7：1.3，折合尿素 180kg/hm^2、磷酸二铵 163kg/hm^2、硫酸钾 300kg/hm^2；单产高于 40t/hm^{2}时，氮、磷、钾肥总施用量（纯量）400kg/hm^2，N：P$_2$O$_5$：K$_2$O=1：0.8：1.4。翁牛特旗马铃薯种植施用农家肥较少，这样每公顷则要多施入化肥 30～45kg（纯量）作基肥、种肥。

种肥还可用马铃薯专用复合肥 1 125kg/hm^2。

施用种肥可人工或机械均匀施入播种沟内，要求种薯、肥料分箱、分层施入，避免化肥与种薯直接接触，以免灼伤种薯。

2. 及早追肥

追肥以施用钾肥为主、氮肥为辅，宜在早期进行。一般第一次追肥在苗期，结合中耕培土进行，每公顷施用尿素 15～30kg，第二次在现蕾期（块茎开始膨大），以钾肥为主，每公顷施用硫酸钾 45kg 左右，可配合施用少量氮肥。追肥可人工或机械开沟施于苗垄两侧，施后覆土，也可结合灌溉冲施、浇施。

3. 叶面施肥

生长发育前期，如有缺肥现象，可在苗期、发棵期叶面喷施 0.5％的尿素水溶液或 0.2％的磷酸二氢钾水溶液 2～3 次。马铃薯开花后，一般不进行根部追肥，特别是不能追施氮肥，主要通过叶面喷施磷、钾肥补充养分的不足，可叶面喷施 0.3％～0.5％的磷酸二氢钾水溶液 750kg/hm^2，若缺氮，可增加尿素 1.5～2.5kg/hm^2，10～15d 喷一次，连喷 2～3 次。在收获前 15d 左右，叶面喷施 0.5％的尿素、0.3％的磷酸二氢钾等叶面肥，增产效果较显著。

如果土壤缺硼或苗有缺硼现象，可在开花期叶面喷施 0.1％～0.3％的硼砂溶液或 0.2％的硼酸溶液，每公顷 750～1 000kg，连喷 2 次。同时，马铃薯对钙、镁、硫、锌、铁、锰等中、微量元素营养的需求量也比较大，因此要结合土壤肥力状况和马铃薯生长发育状况，适时进行微肥叶面喷施，以提高马铃薯抗性和产量。

4. 化控技术应用

生长期为防止地上部徒长，可喷施浓度为 100mg/kg 的多效唑，或 50～100mg/kg 的植物生长调节剂壮丰安，每公顷用 750kg 水溶液。为促进块茎膨大，在薯块膨大期叶面喷施膨丰乐等。

参考文献

赤峰市土壤普查办公室，1989. 赤峰市土壤［M］. 呼和浩特：内蒙古人民出版社.

内蒙古自治区土壤普查办公室，内蒙古自治区土壤肥料工作站，1994. 内蒙古土壤［M］. 北京：科学出版社.

全国农业技术推广服务中心，2006. 耕地地力评价指南［M］. 北京：中国农业科学技术出版社.

张福锁，2006. 测土配方施肥技术要览［M］. 北京：中国农业大学出版社.

郑海春，2003. 阿荣旗耕地［M］. 北京：中国农业出版社.

郑海春，2005. 扎兰屯市耕地［M］. 北京：中国农业出版社.

郑海春，2006. "3414"肥料肥效田间试验的实践［M］. 呼和浩特：内蒙古人民出版社.

郑海春，2013. 牙克石市耕地与科学施肥［M］. 北京：中国农业出版社.

图书在版编目（CIP）数据

翁牛特旗耕地与科学施肥／张利，刘丽丽主编.
北京：中国农业出版社，2024.12. -- ISBN 978-7-109
-32461-9

Ⅰ. S159.226.4；S158；S147.2

中国国家版本馆 CIP 数据核字第 2024JK0260 号

中国农业出版社出版

地址：北京市朝阳区麦子店街 18 号楼
邮编：100125
责任编辑：国　圆
版式设计：王　晨　责任校对：吴丽婷
印刷：北京印刷集团有限责任公司
版次：2024 年 12 月第 1 版
印次：2024 年 12 月北京第 1 次印刷
发行：新华书店北京发行所
开本：787mm×1092mm　1/16
印张：10.5　插页：8
字数：275 千字
定价：80.00 元

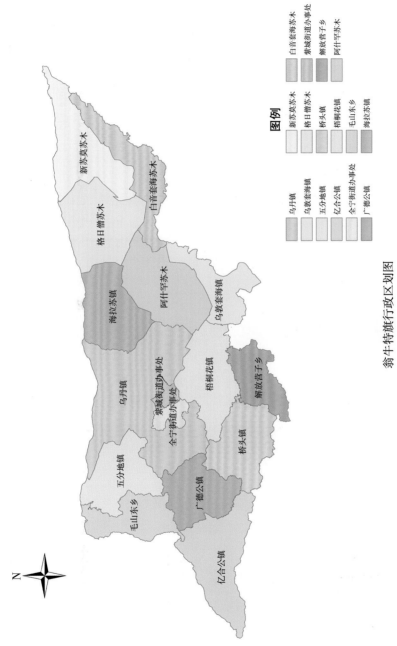

图例

	乌丹镇		新苏莫苏木		白音套海苏木
	乌敦套海镇		格日僧苏木		紫城街道办事处
	五分地镇		桥头镇		解放营子乡
	亿合公镇		梧桐花镇		阿什罕苏木
	全宁街道办事处		毛山东乡	
	广德公镇		海拉苏镇	

翁牛特旗行政区划图

图例

草甸土　　风沙土　　黑钙土

栗钙土　　棕壤　　沼泽土　　灰色森林土

N

翁牛特旗土壤分布图

翁牛特旗地貌类型分布图

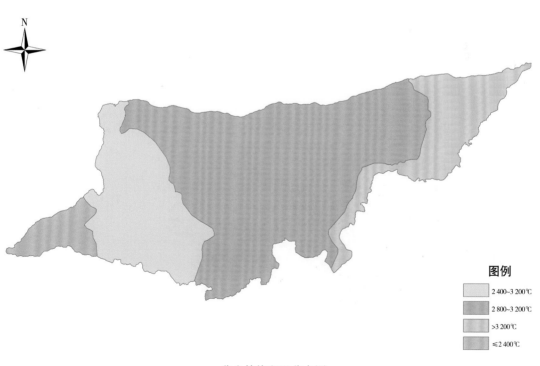

翁牛特旗积温分布图

翁牛特旗降水量分布图

翁牛特旗测土配方施肥农化样点分布图

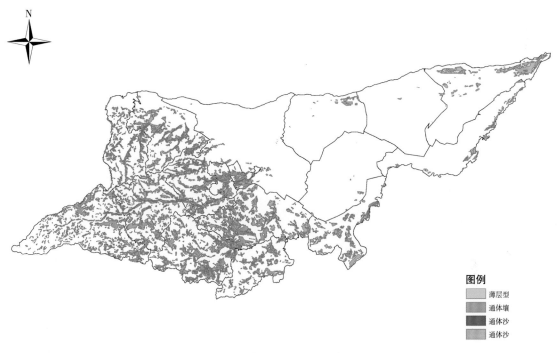

图例
薄层型
通体壤
通体沙
通体沙

翁牛特旗耕地质地构型分布图

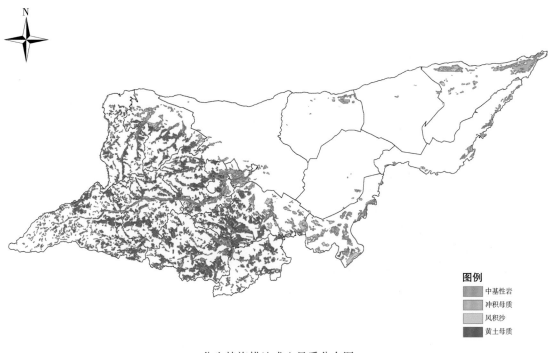

图例
中基性岩
冲积母质
风积沙
黄土母质

翁牛特旗耕地成土母质分布图

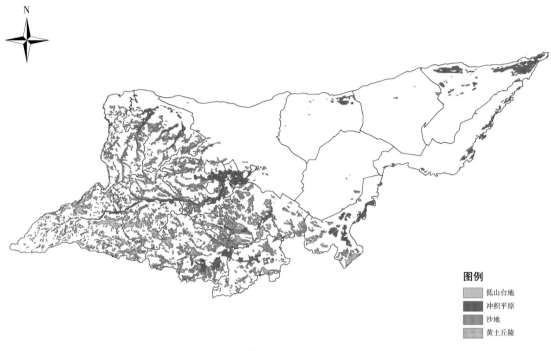

翁牛特旗耕地地貌类型分布图

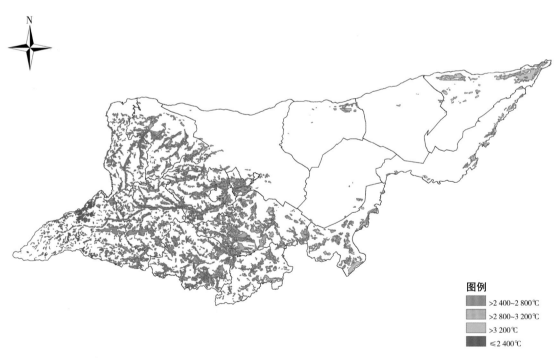

翁牛特旗耕地≥10℃积温分布图

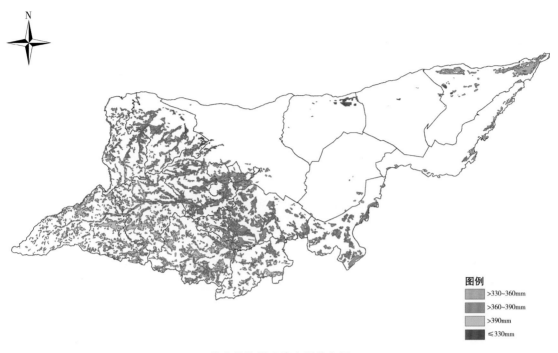

翁牛特旗耕地降水量分布图

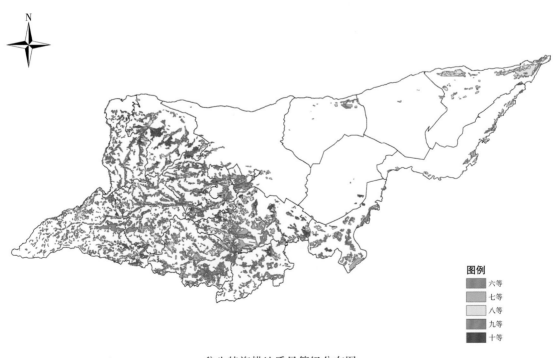

翁牛特旗耕地质量等级分布图

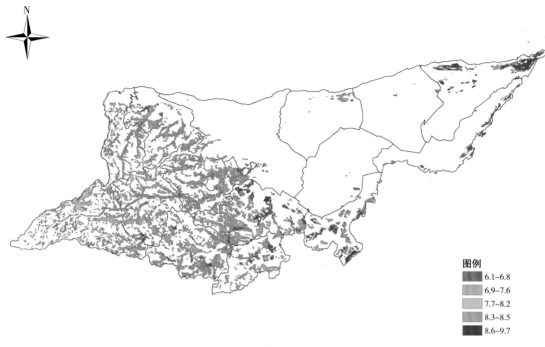

翁牛特旗耕地 pH 分级图

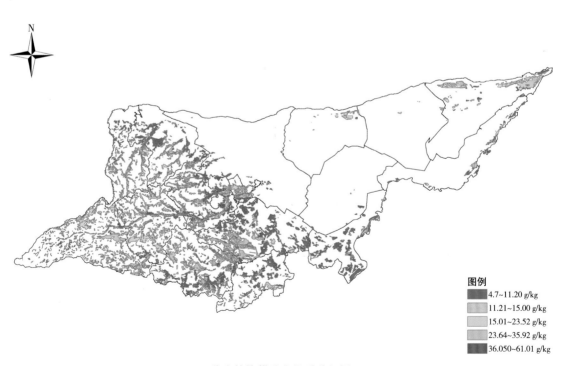

翁牛特旗耕地有机质分级图

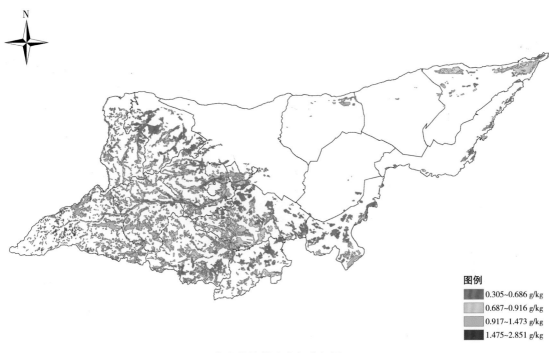

图例
- 0.305~0.686 g/kg
- 0.687~0.916 g/kg
- 0.917~1.473 g/kg
- 1.475~2.851 g/kg

翁牛特旗耕地全氮分级图

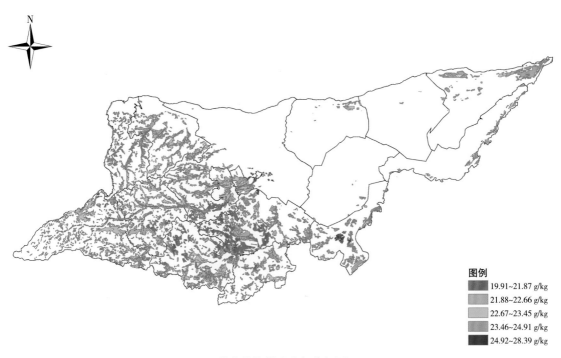

图例
- 19.91~21.87 g/kg
- 21.88~22.66 g/kg
- 22.67~23.45 g/kg
- 23.46~24.91 g/kg
- 24.92~28.39 g/kg

翁牛特旗耕地全钾分级图

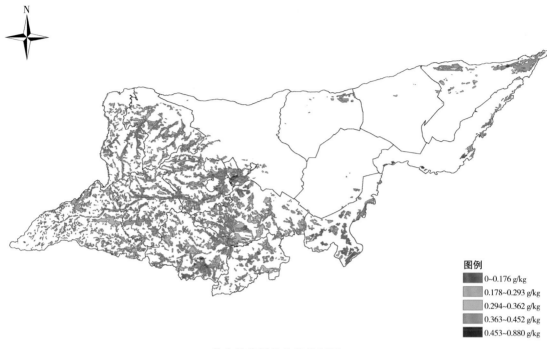

翁牛特旗耕地全磷分级图

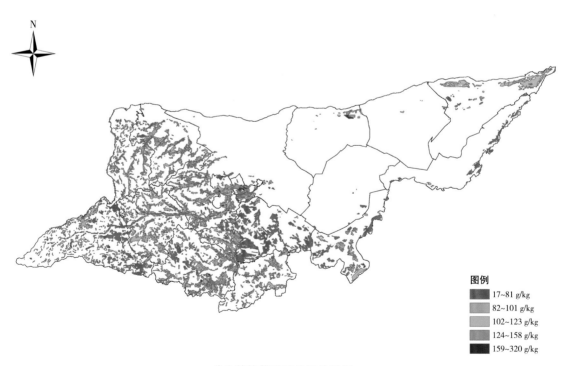

翁牛特旗耕地速效钾分级图

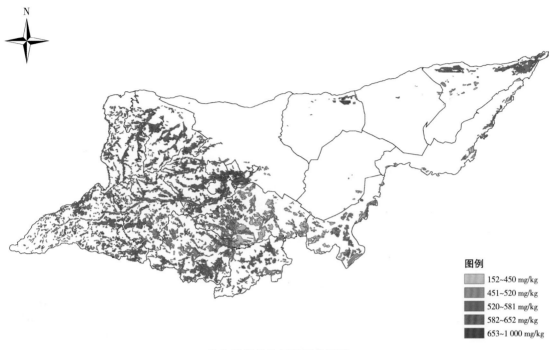

图例
152~450 mg/kg
451~520 mg/kg
520~581 mg/kg
582~652 mg/kg
653~1 000 mg/kg

翁牛特旗耕地缓效钾分级图

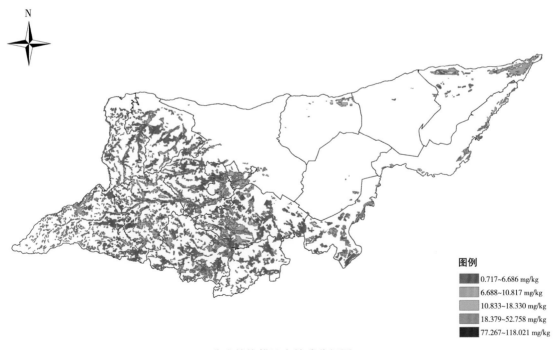

图例
0.717~6.686 mg/kg
6.688~10.817 mg/kg
10.833~18.330 mg/kg
18.379~52.758 mg/kg
77.267~118.021 mg/kg

翁牛特旗耕地有效磷分级图

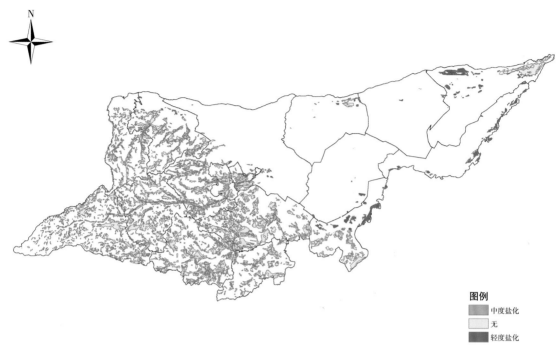

图例
中度盐化
无
轻度盐化

翁牛特旗耕地盐化类型分布图

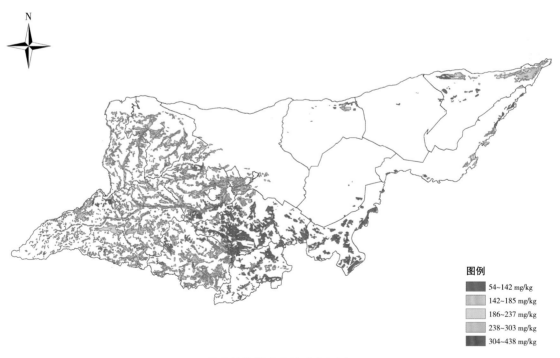

图例
54~142 mg/kg
142~185 mg/kg
186~237 mg/kg
238~303 mg/kg
304~438 mg/kg

翁牛特旗耕地有效硅分级图

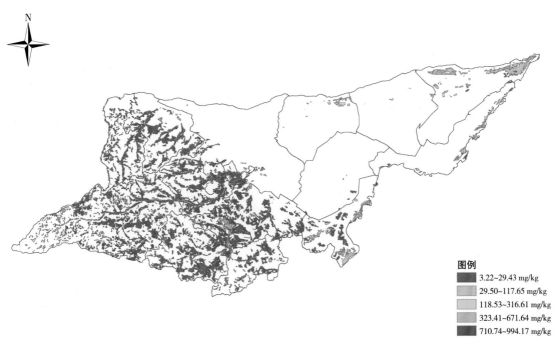

翁牛特旗耕地有效硫分级图

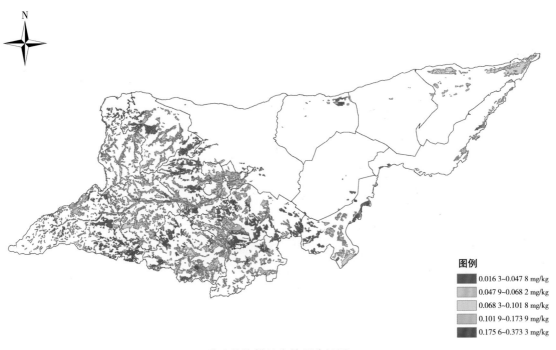

翁牛特旗耕地有效钼分级图

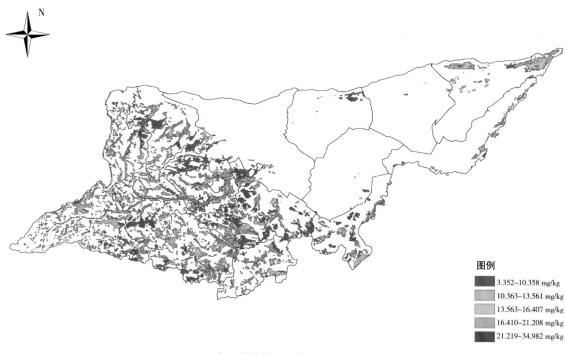

翁牛特旗耕地有效锰分级图

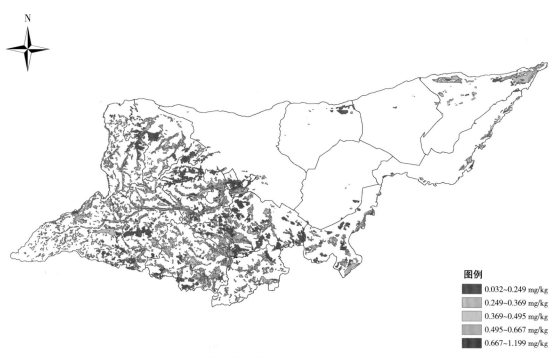

翁牛特旗耕地有效硼分级图

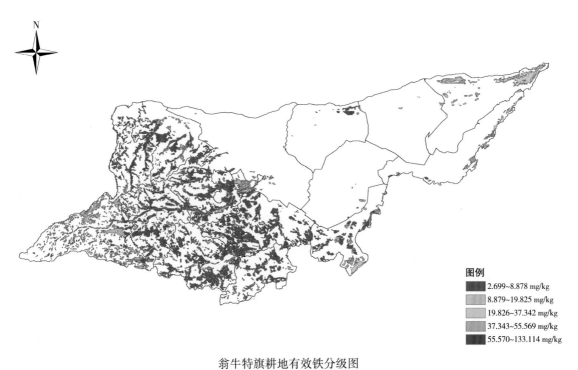

图例
2.699~8.878 mg/kg
8.879~19.825 mg/kg
19.826~37.342 mg/kg
37.343~55.569 mg/kg
55.570~133.114 mg/kg

翁牛特旗耕地有效铁分级图

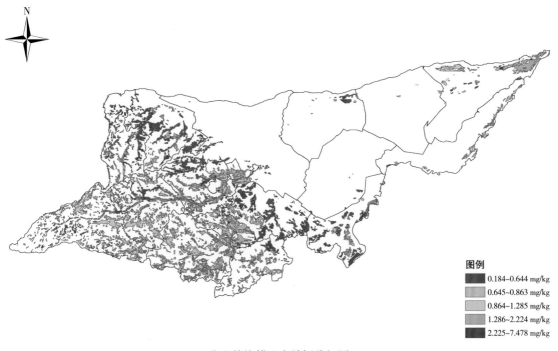

图例
0.184~0.644 mg/kg
0.645~0.863 mg/kg
0.864~1.285 mg/kg
1.286~2.224 mg/kg
2.225~7.478 mg/kg

翁牛特旗耕地有效铜分级图

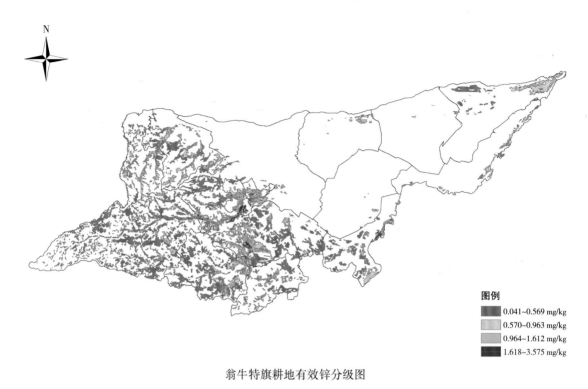

翁牛特旗耕地有效锌分级图

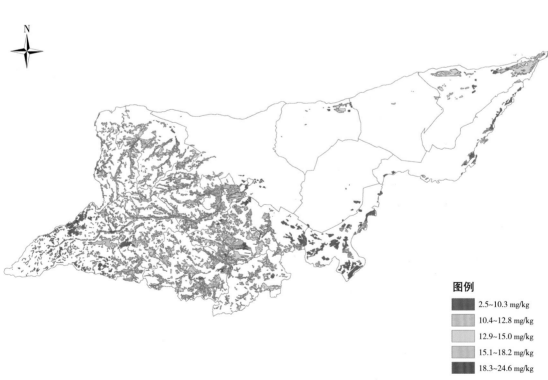

翁牛特旗耕地阳离子交换量分级图